Duden-Ratgeber

Das erfolgreiche Vorstellungsgespräch

Duden-Ratgeber

Das erfolgreiche Vorstellungsgespräch

Von der optimalen Vorbereitung zur souveränen Selbstpräsentation

Von Angelika Rodatus und Hans-Georg Willmann
in Zusammenarbeit mit
der Dudenredaktion

2., aktualisierte und überarbeitete Auflage

Dudenverlag
Mannheim · Zürich

Die **Duden-Sprachberatung** beantwortet Ihre Fragen
zu Rechtschreibung, Zeichensetzung, Grammatik u. Ä.
montags bis freitags zwischen 08:00 und 18:00 Uhr.
Aus Deutschland: 09001 870098 (1,86 € pro Minute aus dem Festnetz)
Aus Österreich: 0900 844144 (1,80 € pro Minute aus dem Festnetz)
Aus der Schweiz: 0900 383360 (3,13 CHF pro Minute aus dem Festnetz)
Die Tarife für Anrufe aus den Mobilfunknetzen können davon abweichen.
Den kostenlosen Newsletter der Duden-Sprachberatung können Sie unter
www.duden.de/newsletter abonnieren.

Bibliografische Information der Deutschen Nationalbibliothek
Die Deutsche Nationalbibliothek verzeichnet diese Publikation in der Deutschen Nationalbibliografie; detaillierte bibliografische Daten sind im Internet über http://dnb.d-nb.de abrufbar.

Bibliographisches Institut GmbH
Dudenstraße 6, 68167 Mannheim

Redaktionelle Leitung: Jürgen Hotz
Redaktion: Julia Prus
Herstellung: Monika Schoch

Typografie: init · Büro für Gestaltung
Umschlaggestaltung: Büroecco, Augsburg
Satz: fotosatz griesheim GmbH
Druck und Bindung: Parzeller Druck- und Mediendienstleistungen GmbH & Co. KG,
Frankfurter Straße 8, 36043 Fulda
Printed in Germany

ISBN 978-3-411-74142-7
Auch als E-Book erhältlich unter: ISBN 978-3-411-90449-5
www.duden.de

Inhalt

Inhalt

Die Einladung

Seit Beginn der 1980er-Jahre hat sich die Arbeitsmarktsituation in der Bundesrepublik Deutschland, in Österreich und, abgeschwächt, auch in der Schweiz stetig verändert. Bewerber berichten im Zusammenhang mit ihrer Stellensuche oft von einem regelrechten Bewerbungsmarathon mit Hunderten von Bewerbungsschreiben und dementsprechend vielen Ablehnungen. Wer sich im Wettbewerb um die besten Stellen mit seiner Bewerbung durchgesetzt hat und zu einem Vorstellungsgespräch eingeladen wird, hat schon den ersten wichtigen Schritt auf dem Weg zum neuen Arbeitsplatz getan. Jetzt heißt es, sich zielgerichtet vorzubereiten!

Die nächste Runde im Bewerbungswettbewerb

Beweisen Sie, dass Sie die beste Besetzung sind.

Mit der Einladung zum Vorstellungsgespräch alleine ist jedoch noch nichts gewonnen. Jetzt beginnt der Wettbewerb von Neuem. Denn in der Regel werden mehrere potenzielle Kandidaten für die ausgeschriebene Stelle zum Vorstellungsgespräch eingeladen. Für jeden der geladenen Bewerber heißt es jetzt, im persönlichen Gespräch mit dem Personalverantwortlichen zu beweisen, dass er genau die richtige Person für die zu besetzende Position ist.

Unbedingt: Die Chemie muss stimmen.

Aber nicht nur der oder die Vertreter des ausschreibenden Unternehmens nutzen das Vorstellungsgespräch, um die Qualifikation des Bewerbers zu prüfen. Auch der Bewerber selbst hat in diesem persönlichen Gespräch die Gelegenheit auszuloten, ob das geforderte Anforderungsprofil und die vom Unternehmen angebotenen Perspektiven mit seinen beruflichen Vorstellungen übereinstimmen. Nicht zuletzt gilt es für beide Parteien festzustellen, ob das menschliche Miteinander passt, das heißt, ob die Chemie stimmt – eine grundlegende Voraussetzung für die erfolgreiche und konstruktive künftige Zusammenarbeit. All dies sind gute Gründe, um jeden Schritt von der Einladung zum ersten Vorstellungsgespräch bis hin zur Unterschrift unter dem Arbeitsvertrag genau zu überlegen und sich gründlich vorzubereiten.

Vorstellungstermin bestätigen

Bei den heutigen Kommunikationsmöglichkeiten gibt es unterschiedliche Wege der Kontaktaufnahme. Manche Unternehmen bevorzugen Onlinebewerbungen und die Kommunikation per E-Mail, weil für sie so die Auswahl der zahlreich eingehenden Bewerbungen organisatorisch und zeitlich leichter zu bewältigen ist. Andere wiederum entscheiden sich für den klassischen Bewerbungsweg und korrespondieren ausschließlich schriftlich. Hin und wieder wählen Personalverantwortliche aus Zeitgründen auch den kürzesten Weg der Kontaktaufnahme: Sie oder ihre Sekretärin rufen ihren Wunschbewerber persönlich an und laden ihn mündlich zum Vorstellungstermin ein.

Die schriftliche Bestätigung

Verlieren Sie keine Zeit und bestätigen Sie den Termin umgehend per Telefon oder E-Mail.

Egal auf welchem Weg ein Bewerber die Einladung zu einem Vorstellungsgespräch erhält – ob per Post, per E-Mail oder telefonisch – er sollte auf jeden Fall schnell reagieren. Denn bereits jetzt befindet sich der Bewerber in der nächsten Testsituation nach seinem Bewerbungsschreiben: Er muss den Vorstellungstermin persönlich bestätigen. Die Bestätigung erfolgt heutzutage nicht mehr schriftlich per Post, sondern entweder per Telefon oder mit einer E-Mail. Die Bestätigungs-E-Mail muss formal und inhaltlich fehlerlos und ansprechend gestaltet sein.

Antwort auf eine Einladung

An: JuergenBerger@Semantec.org
Cc:
Bcc:
Betreff: Ihre Einladung zum Vorstellungsgespräch am 05.07.2020, Bewerbung als Assistentin des Bereichsleiters Controlling

Sehr geehrter Herr Berger,

vielen Dank für Ihre Einladung zum Vorstellungsgespräch am Montag, dem 05.07.2020, um 14:00 Uhr in Ihrer Unternehmenszentrale. Den Termin bestätige ich gern. Ich freue mich auf das Gespräch mit Ihnen.

Mit freundlichen Grüßen

Leonie Weber
Jostweg 5
12648 Berlin
Tel.: 030 1234567
E-Mail: LeonieWeber@provider.de

Die Bestätigung per E-Mail

Bei Onlinebewerbungen oder wenn das Unternehmen den Kontakt zum Bewerber per E-Mail aufnimmt, wird grundsätzlich auch erwartet, dass dieser Kommunikationsweg von beiden Seiten beibehalten wird.
Bei der Terminbestätigung per E-Mail gelten die gleichen Grundsätze wie für einen Brief. Es wäre ein Missverständnis, zu meinen, dass in der E-Mail-Korrespondenz die üblichen Verhaltensregeln nicht gelten.

Machen Sie Ihre E-Mail unverwechselbar.

Betreff

Ein konkret formulierter Betreff zeigt dem Empfänger sofort, worum es geht. Die Formulierung könnte zum Beispiel lauten: *Ihre Einladung zum Vorstellungsgespräch am 05.07.2020, Bewerbung als Assistentin des Bereichsleiters Controlling*
Die Gefahr, dass die E-Mail in der Masse der anderen Eingänge untergeht, ist damit sehr viel geringer.
Die korrekte Anrede ist ein Grundsatz der Höflichkeit:
Sehr geehrter Herr Berger,
Hat der E-Mail-Partner einen akademischen Grad, zum Beispiel Doktor oder Professor, gehört dieser mit zur Anrede: *Sehr geehrter Herr Dr. Berger,*

Auch der erste schriftliche Eindruck bleibt: Schreiben Sie fehlerlos!

Fehlerlose Rechtschreibung und Grammatik sind ein Muss. Auch wenn E-Mails im privaten Bereich diesem Anspruch meist nicht gerecht werden – in der geschäftlichen Korrespondenz ist eine korrekte Rechtschreibung nicht nur ein Gebot der Höflichkeit, sondern der erste Beweis, dass der Bewerber professionell korrespondieren kann.
Abkürzungen wie MfG (Mit freundlichen Grüßen) oder zz. (zurzeit) sind in der elektronischen Bewerberkorrespondenz genauso unangebracht wie in der konventionellen.
Wer die Kommunikation per E-Mail wählt, schätzt die Schnelligkeit des Austausches im Vergleich zum Postweg. E-Mails sollten möglichst noch am gleichen, spätestens am folgenden, Tag beantwortet werden.
Umständliche Sätze und lange Erläuterungen gehören nicht in eine E-Mail. Der Verfasser beschränkt sich auf die

wichtigsten Daten und Fakten und bringt sein Anliegen schnörkellos, aber höflich auf den Punkt.
Bei der Anrede gilt: lieber konservativ als locker. Anreden wie »Einen wunderschönen guten Morgen« oder kreative Grußformeln wie »Fröstelnde Grüße aus dem verschneiten München« sind in der Bewerberkorrespondenz nicht am Platz. Es sei denn, der Bewerber kommuniziert mit einem Unternehmen der Kreativwirtschaft und er kennt die einschlägigen Gepflogenheiten sehr genau. Hier kann ein lockerer Umgangston durchaus an der Tagesordnung sein.
Auch ein klares Schriftbild besticht: Bilder, Emoticons, schnörkelige Schrift und farbliche Unterlegungen haben in einer sachlichen Geschäftskorrespondenz daher nichts zu suchen. Der E-Mail-Text sollte eine Länge von 80 Zeichen pro Zeile nicht überschreiten, denn nicht alle E-Mail-Programme brechen den Text automatisch um. Sinnvoll eingefügte Absätze helfen, die Übersichtlichkeit der Information zu steigern.

Nicht vergessen: korrekte Grußformel und E-Mail-Signatur.

Zu einer vollständigen E-Mail gehört wie beim Brief die korrekte Grußformel und selbstverständlich auch die vollständige E-Mail-Signatur, die den Namen, die Adresse, die Telefonnummer sowie die E-Mail-Adresse enthalten muss.
Auch die E-Mail-Adresse des Absenders vermittelt bereits einen ersten Eindruck von der Person, die dahintersteht. Deshalb eignen sich E-Mail-Adressen, die in Chatrooms verwendet werden, wie z. B. häschen@hotmail.com, nicht für eine seriöse Korrespondenz. Besser sind neutrale Adressen wie z. B. leonie.weber@online.de oder lw@t-online.de.

Die telefonische Bestätigung

Im Rahmen von Onlinebewerbungen oder wenn es sich um enge Zeitrahmen handelt, wird das Telefon zum zusätzlichen Kommunikationsmittel zwischen Unternehmen und Bewerber. Deshalb ist es ratsam, sich mit dieser Situation gedanklich so früh wie möglich vertraut zu machen. Denn nichts ist peinlicher, als von einem Unternehmensvertreter mit einem Anruf überrumpelt zu werden und völlig unprofessionell zu reagieren.

Bereiten Sie sich vor: Rechnen Sie jederzeit mit dem Anruf eines Unternehmensvertreters.

In der Bewerbungsphase jederzeit mit einem Anruf rechnen

Wer sich in einer Bewerbungsphase befindet und eine Anzahl von Bewerbungsschreiben losgeschickt hat, muss zu jeder Tageszeit damit rechnen, dass ein interessierter Unternehmensvertreter am anderen Ende der Leitung ist, wenn das Telefon klingelt. Die Stimme und in welcher Form sich der Angerufene am Telefon meldet, vermittelt dem Anrufer einen ersten Eindruck von der Person. Ein unpersönliches »Ja« oder »Hallo« kommt ebenso wenig gut an wie ein ungeduldiges, gelangweiltes oder unfreundliches »Weber!«. Der Anrufer sollte – im Gegenteil – ein positives Gefühl erleben, wenn er die Stimme seines potenziellen Mitarbeiters am Telefon hört. Denn er wird aufgrund seines ersten Eindrucks sofort darauf schließen, wie sein Gesprächspartner auf Kunden und Geschäftspartner des Unternehmens und auch Kollegen wirken würde. Stimme und Stimmmodulation haben eine hohe Aussagekraft, besonders am Telefon, wenn der Gesprächspartner nur auf diese akustischen Signale angewiesen ist, um eine Person zu beurteilen. »Allzeit bereit« heißt deshalb die Devise, wenn die Bewerbungsschreiben abgesandt sind.

Melden Sie sich frisch und freundlich am Telefon.

Die passende Stimmführung

Und wenn das Telefon klingelt, wird der Anrufer am besten mit einer erwartungsvoll freudig gesprochenen und frischen Selbstvorstellung begrüßt, bei der die Stimmführung am Ende des Satzes fragend nach oben geht:

»Leonie Weber, guten Tag?«
»Leonie Weber, hallo?«
»Guten Tag, hier spricht Leonie Weber?«
»Guten Morgen, hier ist Leonie Weber?«

Damit Sie nicht lange suchen müssen: Halten Sie Stift und Terminkalender immer griffbereit.

Alle wichtigen Daten und Fakten notieren.

Hinterlassen Sie einen hervorragenden ersten Eindruck – auch am Telefon.

Beweisen Sie Effizienz. Beschränken Sie sich am Telefon auf das Wichtigste.

Nichts spricht dagegen, seiner Freude Ausdruck zu verleihen, wenn der Gesprächspartner am anderen Ende der Leitung zum Vorstellungsgespräch einlädt: »Vielen Dank. Das freut mich sehr. Selbstverständlich komme ich gerne.« Der Terminkalender und ein Stift sollten immer griffbereit sein, damit die Terminabsprache ohne viel Zeitverlust vonstattengehen kann.

Wenn der Anrufer nicht von selbst darauf zu sprechen kommt, sind die Fragen nach dem genauen Ablauf des Vorstellungsgesprächs und dem Namen des Gesprächspartners ein Muss. Weil dieser Name eine große Bedeutung für den Bewerber hat, ist es ratsam, sich diesen buchstabieren zu lassen, falls er nicht richtig verstanden wurde. Auch der Name des Anrufers, wenn es sich z. B. um die Sekretärin des Personalverantwortlichen handelt, wird notiert und festgehalten. Ebenso wichtig ist die Frage, ob und welche Unterlagen zum Gespräch mitgebracht werden sollen.

Am Ende des Gesprächs bedankt sich der Bewerber noch einmal für den Anruf und bringt seine Freude über die Einladung zum Ausdruck.

Entschließt sich der Bewerber aufgrund des engen Zeitrahmens den Vorstellungstermin selbst telefonisch zu bestätigen, gilt es ebenfalls auf eine souveräne telefonische Selbstpräsentation zu achten. Diese beginnt schon mit der Vorstellung am Telefon: »Guten Tag, ich bin Leonie Weber« klingt besser als »Mein Name ist Leonie Weber«, »Weber hier« oder nur »Weber«. Je persönlicher, dynamischer und freundlicher der Bewerber am Telefon klingt, desto besser ist der erste Eindruck, den er bei seinem potenziellen neuen Arbeitgeber hinterlässt.

Informationsaustausch, kein Small Talk!

Bei telefonischen Terminabsprachen besteht das Hauptziel darin, den Termin für das Vorstellungsgespräch festzulegen, den Ablauf und die Gesprächspartner zu erfragen und eventuell noch kurz zu klären, welche Unterlagen mitgebracht werden sollen. In der Regel hat der Unternehmensvertreter am Ende der Leitung wenig Zeit und will sich auf den Austausch dieser wichtigsten Daten beschränken. Deshalb ist ein ausführlicher Small Talk in dieser Telefonsituation meist nicht angebracht. Es sei denn, der Unternehmensvertreter gibt das deutliche Signal zum lockeren Gespräch. Generell passt sich der Bewerber – was den Austausch von Informationen anbelangt – am besten an den Gesprächspartner an. Auch detaillierte Fragen zur Position und zu den Aufgabeninhalten gehören nicht zu diesem ersten Telefonkontakt. Dafür ist im eigentlichen Vorstellungsgespräch ausreichend Raum.

Stellen Sie nicht gleich beim ersten Telefongespräch Fragen zum Geld.

Ob die Frage nach der Erstattung der Reisekosten gestellt wird, sollte vorher gut überlegt sein. Wenn der Weg zum Vorstellungsgespräch nicht zu weit und nicht mit hohen Flug- oder Bahnreisekosten verbunden ist, wird besser auf diese Frage verzichtet. Wer gleich beim ersten Kontakt finanzielle Forderungen an das neue Unternehmen stellt, könnte seinen ersten Eindruck sonst gleich erheblich trüben.

Beispiel für eine Terminbestätigung per Telefon:
»Guten Tag, ich bin Leonie Weber. Es geht um meine Bewerbung als Assistentin des Bereichsleiters Controlling. Herzlichen Dank für Ihre Einladung zum Vorstellungsgespräch. Ich möchte den Termin mündlich bestätigen: Ich komme gerne am Montag, den 05.07. um 14:00 Uhr zu Ihnen in die Sandstraße. Wie wird der Termin ablaufen? Mit wem genau werde ich sprechen? Möchten Sie, dass ich noch zusätzlich Unterlagen mitbringe, die für das Gespräch wichtig sind? ... Vielen Dank, ich freue mich auf das Gespräch mit Ihnen.«

Termin verschieben

Termin nur im äußersten Notfall verschieben.

Generell gilt: Der vom Unternehmen angebotene Termin sollte unbedingt vom Bewerber akzeptiert werden. Denn bereits bei der Terminabsprache beweist er damit, dass er flexibel ist und ein starkes Interesse hat, künftig für dieses

Unternehmen zu arbeiten. Eine Bitte um Verschiebung, vor allem nachträglich, ist deshalb nur im Notfall erlaubt, zum Beispiel wenn der Bewerber schwerer erkrankt.

Nachvollziehbare Gründe nennen

Vorsicht: Eine Absage wegen Krankheit kann negativ auf Ihr Image abfärben.

Aber auch eine Absage wegen Krankheit kann unter Umständen einen Nachteil bedeuten. Hier kommt es auf die Art der Erkrankung und auf das Verständnis des Personalverantwortlichen an. Wenn der Termin glaubhaft wegen einer fieberhaften Grippeerkrankung verschoben wird, liegt das bei den meisten Unternehmen sicher noch im Toleranzbereich. Sagt der Bewerber ab, weil er wieder einmal einen Hexenschuss hat, läuft er Gefahr, dass mit dieser Aussage auf eine generell angeschlagene gesundheitliche Konstitution geschlossen wird.

Zeigen Sie, wie wichtig Ihnen der Vorstellungstermin ist: Opfern Sie einen Urlaubstag!

Arzttermine, kein Babysitter für das Kind oder bereits gekaufte Konzertkarten für den Lieblingssänger sind keine akzeptablen Gründe, um ein Bewerbungsgespräch zu verschieben. Hier zählt der potenzielle Arbeitgeber auf die Organisationsfähigkeiten des Kandidaten, die schließlich auch in den meisten Berufen ein Qualifikationsmerkmal sind, und darauf, dass der Bewerber auf ein Privatvergnügen wie einen Konzertbesuch auch einmal zugunsten seines Berufes verzichten kann.
Wer in der Bewerbungsphase noch Vollzeit tätig ist, sollte für das Vorstellungsgespräch einen Urlaubstag nehmen. Diese Opferbereitschaft für den begehrten Job erwartet das künftige Unternehmen mit Selbstverständlichkeit.

Überzeugend argumentieren

Nur wirklich triftige und glaubhafte Verschiebungsgründe angeben.

Sicher gibt es Situationen, die den Bewerber dazu zwingen, eine Bitte um Terminverschiebung vorzubringen. Zum Beispiel, weil er für das Unternehmen, für das er derzeit noch tätig ist, eine seit Langem geplante Geschäftsreise antreten muss oder weil er sein Team bei einer entscheidenden Kundenpräsentation nicht im Stich lassen kann.
In diesen Fällen kommt es auf die Präsentation und die Argumentation an. Mit anderen Worten: Problematisch ist in

aller Regel nicht die Bitte um einen anderen Termin, sondern die Art und Weise, wie Sie sie vortragen. Wenn der Bewerber darlegt, dass er sich für das Team, seine Kollegen und für seine Aufgaben im jetzigen Unternehmen bis zum letzten Arbeitstag verantwortlich fühlt, wird ihm das beim neuen Arbeitgeber sicher nicht zum Nachteil gereichen. Eine kleine Nuance aber kann schon vieles ändern: Wenn der Eindruck entsteht, dass Ihre Bewerbung aus welchen Gründen auch immer nur halbherzig ist, und Sie einen Arbeitsplatzwechsel nicht ernsthaft erwägen. Um dem vorzubeugen, sollten Sie auch zum Ausdruck bringen, dass Sie zwar eine Terminverschiebung bevorzugen, darauf aber nicht bestehen würden, falls sie für das einladende Unternehmen nur mit größeren Schwierigkeiten zu bewerkstelligen wäre. Wie auch immer Sie sich entscheiden, und wie immer Sie Ihren Wunsch nach Terminverschiebung vortragen: Letztendlich kommt es also darauf an, wie glaubhaft und triftig die vorgebrachten Gründe sind.

Termin absagen

Auch das kommt vor: Der Bewerber entschließt sich, das Vorstellungsgespräch nicht wahrzunehmen, sei es, weil er Bedenken bekommen hat, ob das Unternehmen beziehungsweise die Aufgabe tatsächlich passend für ihn sind, sei es, weil er bereits bei einem anderen Unternehmen einen Arbeitsvertrag unterschrieben, oder vielleicht auch, weil ihm sein derzeitiger Arbeitgeber überraschend neue Perspektiven eröffnet hat.

Vielleicht eine Investition in die Zukunft: die stilsichere Absage

Halten Sie sich alle Optionen offen: Lassen Sie eine Einladung zum Vorstellungsgespräch nicht unbeantwortet.

Auch wenn das einladende Unternehmen nicht mehr im Zentrum des Interesses steht, macht es einen sehr schlechten Eindruck, auf eine Termineinladung überhaupt nicht zu reagieren. Häufig bewegt man sich beruflich über

Jahre hinweg in der gleichen Branche und die Wahrscheinlichkeit, einer Person ein zweites Mal zu begegnen oder erneut in Kontakt mit dem betreffenden Unternehmen zu kommen, ist nicht gering. Bewerber, die auf eine Einladung nicht reagiert haben, oder die gar einen zugesagten Termin kommentarlos nicht wahrnehmen, bleiben lange Zeit in unangenehmer Erinnerung.

Dabei ist für den Bewerber selbst die Möglichkeit, auf das Unternehmen zweiter Wahl im Bedarfsfall zurückgreifen zu können, nicht von der Hand zu weisen. Es ist ja durchaus möglich, dass der Bewerber die bevorstehende Probezeit in der neuen Position nicht übersteht. Dann ist es immer von Vorteil, den ursprünglichen Kontakt wieder aufleben zu lassen. Und das funktioniert nur, wenn diese Option nicht durch stilloses Verhalten voreilig zerstört wurde.

Wenn Sie absagen: Schreiben Sie eine höfliche Begründung.

Sicher, die schriftlichen Absagen von Unternehmen an Bewerber sind nicht immer schmeichelhaft und einfühlsam. Trotzdem ist es – aus den oben erwähnten Gründen – nicht empfehlenswert, sich eine kleine Rache zu gönnen und die Absage von oben herab zu formulieren, nach dem Motto: »Ich bin so begehrt, ich brauche euch nicht!« Professionalität und gutes Networking spiegeln sich auch in einer Absage an ein Unternehmen wider und zahlen sich womöglich mittel- und langfristig aus, weil der Bewerber dafür sorgt, dass er in guter Erinnerung bleibt.

Plausible Begründungen nennen

Deshalb heißt die grundsätzliche Regel beim Absagen: Nie ohne Begründung! Dabei ist allerdings die eine oder andere Notlüge erlaubt. Kaum ein Personalchef will die volle Wahrheit hören: »Ich habe mich für ein anderes Unternehmen entschieden, weil es ein besseres Image hat, ein höheres Gehalt bezahlt und bessere Aufstiegschancen verspricht.« Denn damit wird nicht nur das verschmähte Unternehmen abgewertet, sondern indirekt alle Mitarbeiter, die dort arbeiten, und damit auch der Ansprechpartner im Bewerbungsprozess.

Notlüge erlaubt: Nennen Sie nur akzeptable Gründe für Ihre Absage.

Am geschicktesten und höflichsten ist deshalb die Argumentation mit dem Zeitfaktor: »Ein anderes Unternehmen hat sich in der Zwischenzeit für mich entschieden.« Die Personalverantwortlichen wissen, dass die meisten Jobsuchenden mehrere Bewerbungen parallel abschicken und dass sie im Rennen um die besten Bewerber auch verlieren können. Trotzdem hören sie lieber, dass der Ablehnungsgrund das Timing war und nicht die Qualität des Unternehmens.

Familiäre Gründe eignen sich gut für eine Absage.

Weitere gute Gründe für eine Absage können nachvollziehbare familiäre Gründe sein, zum Beispiel:
Der Bewerber

- bevorzugt ein Unternehmen in einer anderen Stadt, weil dort sein Lebenspartner lebt;
- wählt das Unternehmen mit dem kürzeren täglichen Anfahrtsweg, damit er mehr Zeit mit seiner Familie verbringen kann;
- sagt dem anderen Unternehmen zu, weil es einen zusätzlichen Homeoffice-Arbeitsplatz anbietet, was ihm ermöglicht, seinen Partner bei der Kinderbetreuung zu unterstützen.

Das geeignete Medium

Warten Sie nicht zu lange: Sagen Sie unverzüglich ab.

Der Kommunikationsweg, den das Unternehmen bisher mit dem Bewerber gewählt hat, eignet sich auch für die Absage. Bestand bereits Telefonkontakt, empfiehlt sich das Medium Telefon auch für eine höfliche Absage mit Begründung, damit das Unternehmen schnell neu disponieren kann.

Ansonsten verschickt der Bewerber seine Absage unverzüglich per E-Mail. Unabhängig vom Kommunikationsweg und unabhängig davon, ob Sie mündlich oder schriftlich absagen: ein Ausdruck des Bedauerns und ein Dank für die Einladung zum Vorstellungsgespräch gehören unbedingt dazu. Vergleichen Sie dazu den folgenden Mustertext einer Absage:

Muster Absage

An: PeterBerger@Semantec.org
Cc:
Bcc:
Betreff: Absage: Gespräch am 05.07.2020; Bewerbung als Assistentin

Sehr geehrter Herr Berger,

die von Ihnen beschriebene Position und die damit verbundene Aufgabenvielfalt sind sehr vielversprechend und haben mich besonders interessiert.

In der Zwischenzeit habe ich jedoch eine Zusage von einem anderen Unternehmen bekommen, dessen Stellenangebot wie maßgeschneidert zu meinem Qualifikationsprofil passt. Ich musste mich schnell für eine Zusage entscheiden. Deshalb stehe ich für den Termin zum Vorstellungsgespräch am 05.07.2020 um 14:00 Uhr nicht mehr zur Verfügung.

Ich bedaure, Ihnen absagen zu müssen, hoffe aber auf Ihr Verständnis und vor allem bedanke ich mich noch einmal sehr herzlich für Ihre Einladung.

Mit freundlichen Grüßen

Hannah Krill
Richard-Wagner-Straße 58
10585 Berlin
Tel.: 030 5289375
E-Mail: Hannah-Krill@provider.de

Wenn die Zeit knapp ist: Anrufen und den Termin telefonisch bestätigen.

Der Personalfragebogen

Einige Unternehmen schicken mit der schriftlichen Einladung zum Vorstellungsgespräch gleich einen Personalfragebogen mit. Für den Bewerber bedeutet dies, den Bogen sorgfältig und wahrheitsgemäß auszufüllen.
Wahrheitswidrige Angaben können bei späterer Anstellung zur Anfechtung des Arbeitsvertrages wegen Irrtum oder arglistiger Täuschung führen (vgl. Kapitel *Rechtliche Aspekte im Vorstellungsgespräch* S. 163 f.).
Der Personalfragebogen wird dem potenziellen Arbeitgeber in der Regel nicht vorab per Post zugestellt sondern gleich persönlich zum Vorstellungsgespräch mitgebracht.

Interviewpartner identifizieren

Häufig steht schon in der Einladung, wer der Gesprächspartner im Vorstellungsgespräch sein wird. Manchmal werden allerdings nur Ort und Zeitpunkt bekannt gegeben. Mit wem das Gespräch stattfinden soll, steht nicht im Brief. Um schon vorab möglichst viele Informationen in der Hand zu haben und den Gesprächspartner besser einschätzen zu können, sollten der Bewerber den oder die Interviewpartner auf jeden Fall im Vorfeld identifizieren.

Direkt nachfragen

Notieren Sie unbedingt die Namen des/der Interviewpartner/-s.

Mit einem kurzen Anruf bei dem in der Korrespondenz genannten Ansprechpartner oder einer E-Mail klärt er diese Frage schnell. Die Frage nach dem Namen des Interviewpartners wird sicher nicht als Aufdringlichkeit oder Neugierde, sondern als Interesse und gute Vorbereitung gewertet. Für die Anfrage können zum Beispiel folgende Formulierungen gewählt werden:

- »Darf ich Sie fragen, wer meine Interviewpartner im Vorstellungsgespräch am 05.07. um 14:00 Uhr sind?«
- »Wird der für die Position zuständige Vorgesetzte das Gespräch führen oder spreche ich mit einem Vertreter der Personalabteilung?«
- »Darf ich Sie um den Namen und die Positionsbezeichnung meiner Gesprächspartner bitten? Es geht mir darum, mich bestmöglich auf das Gespräch am 05.07. um 14:00 Uhr in Ihrem Hause vorzubereiten.«

Das Wissen um Namen und Funktionen der Interviewpartner gibt Ihnen einen Informationsvorsprung.

Wichtig: Wenn Sie den Namen nicht gleich verstehen, fragen Sie lieber noch einmal nach oder lassen sich den Namen buchstabieren. Es ist einfach peinlich, den Namen eines wichtigen Gesprächspartners falsch auszusprechen oder zu schreiben. Das signalisiert sofort, dass nicht genügend Sorgfalt darauf verwandt wurde, den Namen gründlich zu identifizieren, und könnte damit später von dem Betreffenden als Nachlässigkeit oder Desinteresse interpretiert werden.

Haben Sie den Namen und die Funktion des Gesprächspartners in Erfahrung gebracht, halten Sie bereits einen paar Informationen in der Hand, die Ihnen mehr Sicherheit für das Vorstellungsgespräch geben. Zum einen kommt es immer gut an, wenn ein Bewerber den Interviewpartner beim ersten Mal gleich freundlich und selbstsicher mit Namen begrüßen kann. Zum anderen kann er sich vorab bereits darauf einstellen, welche inhaltlichen Punkte dem Betreffenden besonders wichtig sein könnten, weil er sich jetzt besser in seine Position hineinversetzen kann.

Beachten Sie die Etiketteregeln: Ein höfliches Dankeschön gehört in jeder Situation dazu.

Nicht vergessen: Ein »Danke« gehört zu den unumstößlichen Grundregeln einer guten Kommunikation. Deshalb gilt für alle Situationen im Umgang mit Vertretern des einladenden Unternehmens: Für die Einladung, für jedes Gespräch und für alle Informationen, die der Bewerber erhält, bedankt er sich stilvoll:

- »Vielen Dank für das Gespräch. Es war sehr anregend und aufschlussreich für mich.«
- »Danke für die Informationen. Das war sehr hilfreich für mich.«
- »Danke, dass Sie sich die Zeit für mich genommen haben.«
- »Herzlichen Dank für die umfangreichen Unterlagen.«

Je besser vorbereitet ein Bewerber in das Vorstellungsgespräch geht, desto größer sind seine Chancen, die begehrte Stelle zu bekommen. Es kommt immer positiv an, wenn ein Kandidat durch sorgfältige und gute Vorbereitung signalisiert, dass er sich für das Unternehmen interessiert und sich bereits ausführliche Gedanken über die künftige Position gemacht hat.

Informationen zum Interviewpartner sammeln

Namen und Position des Interviewpartners vor dem Vorstellungsgespräch zu identifizieren, hat nicht nur einen formalen, sondern auch einen inhaltlichen Hintergrund. Wenn bekannt ist, welche Position der Gesprächspartner im Unternehmen bekleidet, kann damit auch auf die Qualifikationsschwerpunkte geschlossen werden, auf die er beim künftigen Stelleninhaber Wert legt.

Die Position gibt Aufschluss

Die Position des Interviewers gibt Ihnen wichtige Hinweise für Ihre Argumentation.

Mit diesem Wissen hat der Bewerber bereits einen kleinen psychologischen Vorteil, den er geschickt ausnutzen kann. Handelt es sich beim Interviewpartner z. B. um einen Vertriebschef, werden Auftreten und Kommunikationsfähigkeit eine große Rolle für ihn spielen und er wird beim Interview sein besonderes Augenmerk auf diese Fähigkeiten legen. Der Controller bevorzugt Genauigkeit und Zahlensicherheit, der Marketingchef ist empfänglich für Originalität und kreative Kommunikation, und der Vorstand hört gerne strategische Überlegungen und visionäre Zielformulierungen.

Suchen Sie im Internet Informationen über den Interviewer.

Je höher die Interviewpartner in der Unternehmenshierarchie angesiedelt sind, desto wahrscheinlicher ist es, dass Hintergrundinformationen von ihnen auf der Unternehmenswebsite oder generell im Internet zu finden sind. Deshalb lohnt es sich immer, nach diesen Namen mit Suchmaschinen zu recherchieren. Oft findet man im Internet Auszüge aus Reden, Veröffentlichungen in Büchern

Ziehen Sie Ihr Gegenüber mit Themen in den Bann, die es interessieren.

Bleiben Sie authentisch: Sagen Sie nur das, was Sie auch wirklich meinen.

oder Zeitschriften oder Interviewaussagen. Diese Informationen geben dem Jobkandidaten eine Menge Material in die Hand, das er für das Vorstellungsinterview auswerten kann. Schließlich ist er jetzt gut darüber informiert, welche Ziele sein Gesprächspartner hat, welche unternehmerischen Hürden er nehmen will, wie er sich in der Branche positioniert usw.
Im Gespräch wird der Bewerber dann die Fähigkeiten und Qualifikationen betonen, die den Vorstellungen des Interviewers entgegenkommen oder Themen anreißen, bei denen er sicher ist, dass sie sein Gegenüber besonders interessieren. Dass er dabei auf Informationen aus dem Internet zurückgreift, kann der Bewerber, muss er aber nicht unbedingt preisgeben.
Wichtig: Selbstverständlich sollten Sie immer nah bei der Wahrheit bleiben. Fähigkeiten, Einstellungen und Qualifikationen vorzugaukeln, die tatsächlich gar nicht vorhanden sind, ist nicht sinnvoll, weil der Schuss spätestens in der Probezeit nach hinten losgeht. Letztendlich hat im Beruf nur derjenige wirklich langfristigen Erfolg, der authentisch ist und das, was er sagt, im beruflichen Alltag auch tatsächlich lebt.

Informationen über das Unternehmen finden

Nur wenn Sie sich detailliert über das Unternehmen informieren, haben Sie Aussicht auf Erfolg.

Personalverantwortliche kritisieren häufig, dass sich viele Bewerber vor dem Vorstellungsgespräch nicht ausreichend über das Unternehmen informieren. Aber gerade das erwarten die Unternehmensvertreter. Für sie ist es wichtig, dass nicht nur sie selbst eine genaue und kritische Auswahl treffen, sondern auch der Bewerber selbst, um dann umso fundierter und sicherer entscheiden zu können.

Wissen über das Unternehmen wird vorausgesetzt

Das Ziel fast aller Unternehmen besteht darin, eine möglichst fruchtbare und langfristige Bindung zu seinen Mitarbeitern aufzubauen. Deshalb muss ein Jobkandidat zu dieser »Berufsehe« genauso sicher »Ja« sagen können wie die Personalverantwortlichen. Eine frühzeitige Kündigung ist nie im Interesse des Unternehmens, weil sowohl die Bewerberauswahl als auch die Einarbeitungszeit des Mitarbeiters mit hohen Kosten verbunden sind. Eine Wiederholung dieses Prozesses verursacht erneute Kosten. Das will jedes Unternehmen vermeiden. Deshalb legen Personaler keinen Wert auf schnelle, unüberlegte Zusagen von Bewerbern, die nach drei Monaten feststellen müssen, dass der Job überhaupt nicht zu ihnen passt. Wer sich also vor dem Gespräch möglichst viel Wissen über das Unternehmen aneignet, hat bereits einen nächsten Pluspunkt gesammelt.

Geeignete Informationsquellen für die Recherche

Die Website des Unternehmens bietet ergiebige Auskünfte.

1) Die Website des Unternehmens. Sie ist als erste Anlaufstelle am geeignetsten. Hier stellt sich die Organisation so dar, wie sie nach außen hin gesehen werden möchte. Der Leitsatz gibt Auskunft über die Ziele und das Handeln. Formaler und inhaltlicher Aufbau der Website spiegeln wider, ob das Unternehmen z. B. eher konservativ oder eher progressiv aufgestellt ist. Der Besucher der Website erfährt etwas über Unternehmenslösungen, Services, Kunden und Standorte und kann aktuelle Presseberichte nachlesen.
2) Den Geschäftsbericht haben viele Unternehmen auf ihrer Website veröffentlicht. Bei großen und bekannten Unternehmen ist er häufig auf den Webseiten von einschlägigen Wirtschaftszeitungen wie z. B. dem Handelsblatt zu finden. Auch über die Pressestelle eines Unternehmens ist der Geschäftsbericht erhältlich. Unter folgenden Internetadressen beispielsweise können Sie Geschäftsberichte recherchieren: www.ntv.de, www.sueddeutsche.de, www.handelsblatt.com. Ein Geschäftsbericht beinhaltet neben anderen Elementen den Unternehmensabschluss und den Unternehmenslagebericht.

Im Lagebericht finden Sie Informationen über Geschäftsverlauf und künftige Entwicklung des Unternehmens.

Für Sie als Bewerber enthält vor allem der Lagebericht verwertbare Informationen. Er berichtet über den Geschäftsverlauf, die Lage und die künftige Entwicklung des Unternehmens, die Risiken der künftigen Entwicklung sowie wesentliche Ereignisse nach dem Bilanzstichtag. Neben den Risiken wird hier auch über zukünftige Chancen sowie über Ziele und Strategien des Unternehmens berichtet.

Die Imagebroschüre ist die Visitenkarte eines Unternehmens.

3) In der Imagebroschüre finden Sie die Leitlinien und Ziele des Unternehmens. Die Imagebroschüre kann im Sekretariat der Geschäftsführung oder bei der Pressestelle angefordert werden. Hier erfährt der Bewerber – ähnlich wie auf der Website, nur noch plakativer –, wie sich das Unternehmen nach außen hin präsentieren möchte und wie es sich seinen Kunden gegenüber darstellt. Auch Informationen über seine strategische Ausrichtung sind häufig in der Imagebroschüre zu finden.

Kritische Berichte über das Unternehmen finden Sie in der Wirtschafts- oder Fachpresse.

4) Suchen Sie im Internet Berichte über das Unternehmen, die in den letzten Monaten in der Presse erschienen sind. Artikel, besonders in der Fachpresse, sind immer eine geeignete Recherchequelle. Im Internet sind Informationen über viele Unternehmen zu finden, wenn man den Unternehmensnamen in eine Suchmaschine eingibt. Hier kann der Jobkandidat auch kritische Berichte lesen und erfahren, mit welchen Problemen das Unternehmen aktuell kämpft.

5) Das eigene Netzwerk kann ebenfalls nützliche Informationen liefern. Vielleicht ist ein Freund oder Bekannter bereits bei dem betreffenden Unternehmen tätig oder hat geschäftlich damit zu tun. Diese Informationen sind zwar meist persönlich gefärbt, können aber für das Bewerbungsinterview eine große Hilfe sein, weil sie den Bewerber mit Insiderwissen versorgen.

Auch Brancheninformationen liefert das Internet.

6) Sammeln Sie Informationen aus der Branche. Branchenmagazine sollte der Bewerber vor allem dann vorher lesen, wenn er branchenfremd ist. So kann er sich in die Produktthematik einarbeiten und viele Hinter-

grundinformationen und branchenspezifische Probleme und Marktherausforderungen ermitteln. Auch über den potenziellen neuen Arbeitgeber gibt es hier Beiträge und Berichte. Wer die Bezugsquelle nicht weiß, recherchiert im Internet, indem er den Branchennamen mit dem Zusatz Branchenmagazin sucht, z. B. »Gastronomie Branchenmagazin«.

7) Werbeprospekte, Messeunterlagen und Produktbeschreibungen teilen ebenfalls Wissenswertes über das Unternehmen mit und eignen sich gut zum Einlesen in die Materie.

Lernen Sie eine Filiale des Unternehmens kennen.

Schnuppern Sie wenn möglich Unternehmensflair in Filialen des Unternehmens. Kundenfilialen bieten sich für einen Besuch vorab an, wenn das Unternehmen seine Produkte oder Dienstleistungen darüber anbietet. Hier kann der Bewerber bereits einen Live-Eindruck vom Unternehmen gewinnen und sich ein konkretes Bild über die Aktivitäten des Unternehmens machen.

Checkliste »Informationen zum Unternehmen«

- ☐ Unternehmensform (GmbH, KG, AG, GmbH & Co. KG usw.)
- ☐ Geschäftsfelder (Bereiche, in denen das Unternehmen tätig ist)
- ☐ Bedeutende Personen im Unternehmen (Aufsichtsrat, Vorstand, Geschäftsführer)
- ☐ Hauptsitz und Niederlassungen
- ☐ Anzahl der Mitarbeiter
- ☐ Produktpalette bzw. Dienstleistungen
- ☐ Kundengruppen des Unternehmens
- ☐ Marktanteile des Unternehmens
- ☐ Image des Unternehmens in Presse, Funk und TV
- ☐ Wichtige Wettbewerber
- ☐ Aktuelle Umsatzzahlen
- ☐ Ziele und strategische Ausrichtung des Unternehmens
- ☐ Neue Entwicklungen und Projekte
- ☐ Entwicklungen in der Branche

Mit intelligenten Fragen im Vorstellungsgespräch präsentieren Sie sich gut.

Wenn Sie nicht alle Informationen recherchieren konnten, bleibt immer noch das Vorstellungsgespräch, in dem Sie fragen können. Es macht in jedem Fall einen guten Eindruck, wenn ein Jobkandidat im Gespräch aktives Interesse zeigt und vertiefende Fragen stellt.

Mit Lücken im Lebenslauf umgehen

Wer Sprünge im Lebenslauf vertuschen möchte, hat wenig Chancen, eine Einladung zum Vorstellungsgespräch zu bekommen. Denn Personaler prüfen Lebensläufe wie Rechenaufgaben und decken Ungereimtheiten schnell auf. Aber auch mit gut getarnten Lücken läuft der Bewerber Gefahr, spätestens im Jobinterview aufzufliegen.

Auf Nachfragen gründlich vorbereiten

Ein exakt dokumentierter Lebenslauf schafft Vertrauen.

Und damit ist schon ein Vertrauensbruch entstanden, der die gesamte Bewerbung infrage stellt. Im Idealfall haben Sie eventuelle Lücken in Ihrer Berufsbiografie bereits im schriftlichen Lebenslauf in Ihren Bewerbungsunterlagen plausibel begründet. Im Vorstellungsgespräch erläutern Sie die Hintergründe dann ausführlicher.
Schwieriger wird es, wenn Sie leichtfertig Angaben gemacht haben, zu denen Ihnen spontan keine nachvollziehbare Erläuterung einfällt. Dann müssen Sie sich unbedingt intensiv auf Nachfragen vorbereiten.
Denn wer stellt schon einen Mitarbeiter ein, der z. B. aufgrund psychischer oder körperlicher Erschöpfung seinen Job quittiert hat, um sich zu erholen? Die Praxis zeigt, dass es für die meisten Personalverantwortlichen keine Rolle spielt, ob der Patient nun völlig wiederhergestellt ist. Die Ausfallzeit wegen Überbelastung bleibt wie ein dauerhafter Makel am Bewerber haften. Der Interviewer will kein Risiko eingehen und entscheidet sich deshalb für einen Bewerber, der eine stabilere Konstitution verspricht.

Der Personalverantwortliche betrachtet Fehlzeiten zunächst neutral.

Der Personalverantwortliche sieht eine tatsächliche oder eine vermeintliche Lücke im Lebenslauf erst einmal neutral oder hat sich nicht an der kurzen Begründung im Bewerbungsschreiben gestoßen, sonst hätte er den Kandidaten erst gar nicht zum Gespräch eingeladen. Wenn er dem Bewerber persönlich gegenübersitzt, wird er gründlicher nachhaken und zum Beispiel fragen, warum dieser das Arbeitsverhältnis gekündigt hat, das der im Lebenslauf nicht dokumentierten Zeit vorausgegangen ist. Erst die Begründung des Bewerbers verleiht dieser Zeit eine positive oder negative Note.

Vermeiden Sie die einschlägigen Reizwörter in Ihrer Begründung.

Es gibt bestimmte Reizwörter, auf die Personalverantwortliche häufig negativ reagieren, wenn sie sie in diesem Zusammenhang hören. Dazu gehören zum Beispiel:

- Selbstfindung
- Trennungskrise
- Trauerphase nach dem Tod eines nahestehenden Angehörigen
- Psychische Probleme
- Weltreise

Mit diesen oder ähnlich negativ besetzten Themen sollten berufsbiografische Lücken weder im Lebenslauf noch anschließend im Vorstellungsgespräch begründet werden. Hier ist eine Beschönigung ein notwendiger Überlebensmechanismus, sonst klappt es mit keiner Bewerbung.

Betonen Sie die positiven Aspekte im Hinblick auf Ihre persönliche und berufliche Entwicklung.

Tipp

Lücken in Ihrer Berufsbiografie sollten Sie nicht vertuschen. Erfahrene Interviewer spüren sie sofort auf und fragen konkret nach. Erfolgversprechender ist es, alles korrekt im Lebenslauf zu dokumentieren, die positiven Aspekte von Lücken herauszufiltern und passend zum Anforderungsprofil der begehrten Stelle aufzubereiten. So ergibt sich möglicherweise sogar eine Chance zum Punkten.

Lücken im Lebenslauf gut begründen

Das Sabbatical

Sabbaticals finden bei Personalern noch am ehesten Akzeptanz.

Die Selbstfindungsphase, physische und psychische Überlastung und Trauerzeiten, aber auch die Weltreise (und der dadurch erweiterte Horizont des Bewerbers) können als Sabbatical dargestellt werden. Eine mehrmonatige Auszeit bis zu einem Jahr ist heute ein akzeptabler Grund, eine sonst lückenlose Erwerbstätigkeit zu unterbrechen. Sind im Zusammenhang mit der neuen Stelle auch internationale Kontakte vorgesehen, können Auslandsaufenthalte als interkultureller Kompetenzerwerb präsentiert werden.

Weiterbildungen

Liefern Sie Nachweise für Ihre Weiterbildungen.

Die Lebenskrise nach der Trennung lässt sich auch als berufliche Neuorientierung beschreiben, besonders wenn in dieser Zeit Weiterbildungskurse belegt wurden. Als Bewerber müssen Sie damit rechnen, dass die Unternehmensvertreter um einen Nachweis der Weiterbildungen bitten. Außerdem sollten diese einen Bezug zur Stelle haben.

Pflege- oder Erziehungszeiten

Pflegezeiten, in denen Erwerbstätige eine Auszeit nehmen müssen, um Angehörige zu betreuen, werden von Personalverantwortlichen in der Regel positiv vermerkt.
Kindererziehungszeiten sind kein Problem, sofern die Abwesenheit vom Berufsleben nicht über lange Jahre bestand und der Betreffende auch während der Kindererziehungszeiten Weiterbildungen nachweisen kann, mit denen er den Wiedereinstieg ins Berufsleben vorbereitet hat. Auch ehrenamtliches Engagement in dieser Zeit wird positiv gewertet.
Nicht dokumentierte Zeiten von ein paar Wochen oder auch Monaten nach der Schule und dem Wehr- oder Zivildienst sind die Regel, weil sich Ausbildungsverhältnisse oder ein Studium nicht nahtlos anschließen. Sie schlagen also nicht negativ zu Buche.

Entscheidend ist, wie nachvollziehbar Sie argumentieren.

Grundsätzlich gilt: Zeiten, in denen Sie weder in Ausbildung oder Studium noch in Arbeit waren, sind kein Makel in einer Bewerbung, sofern sie sich nicht als Regelmäßigkeit durch den Lebenslauf ziehen. Entscheidend ist immer, wie glaubhaft und nachvollziehbar für den Personalverantwortlichen eine Leerzeit vom Bewerber begründet wird. Ganz gleich, wie solche Zeiten formal begründet werden – von unschätzbarem Vorteil ist es, wenn Sie einen Lerneffekt daraus ableiten können. Ob Pflege von Angehörigen oder Kindererziehung – wenn Sie überzeugend darlegen können, dass Sie in jener Phase Ihres Lebens zum Beispiel das stringente Organisieren erlernen mussten, um den Alltag zu bewältigen, dann kann das vielleicht sogar ein echtes Plus sein.

Kurze Phasen müssen Sie nicht unbedingt offenlegen.

Tipp

Lücken im Lebenslauf von ein bis drei Monaten müssen nicht unbedingt explizit erwähnt werden. Wägen Sie hier ab, ob eine Erwähnung im Lebenslauf für Sie eher schädlich oder nützlich ist. Ein zweimonatiger Trip durch Australien nach dem Studium geht als Horizonterweiterung durch. Die gleiche Zeit als Erholungskur zwischen zwei Arbeitsverhältnissen wird als gesundheitliche oder nervliche Schwäche interpretiert. Vielleicht können Sie diese Phase aber als eine des Selbststudiums deklarieren, in der Sie sich Fachkompetenzen aneigneten, die im ersehnten Job gebraucht werden?

Als Jobhopper müssen Sie Ihre häufigen Wechsel gut begründen.

Übrigens: Jobhopper, die es in keinem Unternehmen länger als ein oder zwei Jahre aushalten, sind bei Personalentscheidern nicht beliebt, auch wenn sie zwischen den einzelnen Arbeitsverhältnissen kaum berufsbiografische Lücken aufweisen. Bei jungen Menschen wird Jobhopping noch nicht so negativ bewertet. Im Gegenteil, gut begründete häufigere Wechsel können auch als Experimentier- und Innovationsfreudigkeit präsentiert werden. Ab ca.

30 Jahren sind ständige Jobwechsel jedoch ein echter Makel im Lebenslauf und müssen gut begründet werden, um die Vorbehalte der Personaler, der Bewerber beweise keine Beständigkeit, ausräumen zu können.

Fachliche, methodische und soziale Kompetenzen

Welche Qualifikationen erwartet das Unternehmen von Ihnen als Bewerber?

Eine der wichtigsten Fragen des Interviewers wird sein, warum der Bewerber sich für die Position qualifiziert fühlt und glaubt, sie optimal ausfüllen zu können. Auf diese Frage muss jeder Bewerber eine gut vorbereitete und glaubhafte Antwort parat haben. Denn sie hat eine hohe Bedeutung für den künftigen Arbeitgeber. Schauen Sie deshalb vor dem Vorstellungsgespräch noch mal intensiv in die Stellenanzeige. Hier finden Sie alle wichtigen Schlüsselworte bezüglich des Anforderungsprofils und der Qualifikation, auf die das Unternehmen besonderen Wert legt.

Muster Stellenausschreibung: Schlüsselwörter identifizieren

Sekretär/-in der Geschäftsleitung

Aufgaben
Als Sekretär/-in der Geschäftsleitung und als Allrounder/-in unterstützen und entlasten Sie den Geschäftsführer unseres Kunden in allen administrativen Assistenzaufgaben. Dabei sind Sie eigenständig für die professionelle in- und externe Korrespondenz mit Kunden und Geschäftspartnern verantwortlich. Diese werden bei Besuchen im Hause von Ihnen herzlich in Empfang genommen und bewirtet. Des Weiteren koordinieren, vereinbaren und überwachen Sie sämtliche Termine, sind verantwortlich für die Planung und Organisation sowie den reibungslosen Ablauf von Geschäftsreisen und bearbeiten die Post. Außerdem organisieren Sie professionell Meetings, Besprechungen und Events. Darüber hinaus erstellen Sie gekonnt Dokumente, Präsentationen und Statistiken.

Ihr Profil
Sie besitzen eine abgeschlossene kaufmännische Berufsausbildung und/oder eine Sekretariatsausbildung. Sie verfügen bereits über einige Jahre Berufserfahrung im Bereich Sekretariat oder Assistenz. Sie gehen gekonnt mit den gängigen Microsoft-Office-Produkten um und sind mit dem Medium Internet bestens vertraut. Kommunikationsstärke, Freude am Kontakt mit Menschen und ein überzeugender Korrespondenzstil zeichnen Sie aus. Hierfür bringen Sie fundierte Kenntnisse in der englischen Sprache in Wort und Schrift mit. Zuverlässigkeit, Organisationstalent und eine sorgfältige Arbeitsweise runden Ihr Profil ab. Als erfahrene/-r Sekretär/-in sind Diskretion, Vertrauenswürdigkeit und Loyalität eine Selbstverständlichkeit für Sie.
Interessiert und motiviert? Dann überzeugen Sie uns.

Identifizieren Sie die Schlüsselanforderungen des Unternehmens.

Bringen Sie Struktur in das Anforderungsprofil der Stellenanzeige.

Im Beispiel sucht das ausschreibende Unternehmen eine professionelle und erfahrene Chefsekretärin bzw. einen Chefsekretär. Die markierten Textstellen bezeichnen Schlüsselanforderungen, die das Unternehmen mit der zu besetzenden Stelle verbindet.
Ordnen Sie die Schlüsselwörter in der Anzeige folgenden Bereichen zu: Fachkompetenz, Methodenkompetenz und Sozialkompetenz. Aus diesen drei Bereichen zusammen ergibt sich dann Ihre Handlungskompetenz. Sie stellt die ganzheitliche Qualifikation und Motivation eines Menschen dar.

Fachkompetenz

Unter Fachkompetenz versteht man alle erforderlichen fachlichen Fertigkeiten und Kenntnisse zur Bewältigung konkreter beruflicher Aufgaben, kurz: das Fachwissen. Dazu zählen Fähigkeiten, die in Studien, Lehren und Aus- bzw. Weiterbildungen erworben wurden. Fachliche Kompetenzen können aber auch durch Berufserfahrung erarbeitet und erweitert werden.

Methodenkompetenz

Sie beschreibt die Fertigkeit eines Mitarbeiters, seine Kenntnisse in komplexen Arbeitsprozessen zielorientiert einzusetzen. Das heißt: Er weiß, welche Mittel er einsetzen und welchen Weg er gehen muss, um seine Ziele zu erreichen. Er ist fähig, sich aktiv Informationen zu beschaffen, diese entsprechend zu verarbeiten und im Arbeitsprozess sinnvoll einzusetzen. Und er entdeckt eigene Wege zur Problemlösung und Entscheidungsfindung.

Sozialkompetenz

Sie beschreibt die Fertigkeit eines Mitarbeiters, mit internen und externen Partnern zusammenzuarbeiten und durch angemessenes Verhalten ein gutes Betriebsklima zu erreichen. Unter Sozialkompetenz fasst man Begriffe wie Kommunikationsfähigkeit, Fairness, Einsatzbereitschaft, Kooperationsfähigkeit, Selbstständigkeit, Selbstbewusstsein, Mitgefühl, Menschenkenntnis und Kritikfähigkeit zusammen.

Das Beispielunternehmen erwartet von seiner zukünftigen Chefsekretärin folgende

Die erforderlichen Fachkompetenzen sind Bedingung, um die Tätigkeit auszuüben.

Fachkompetenzen

- Abgeschlossene kaufmännische Berufsausbildung und/oder Sekretariatsausbildung
- Professioneller Umgang mit PC und Internet
- Professionelle Korrespondenz
- Beherrschen von Microsoft Office einschließlich Excel und PowerPoint (Erstellen von Statistiken und Präsentationen)
- Geschäftsreisemanagement
- Eventmanagement
- Fundierte Kenntnisse der englischen Sprache in Wort und Schrift (fließende Konversation mit Geschäftspartnern und fehlerfreie Korrespondenz, nicht unbedingt Verhandlungssicherheit)
- Einige Jahre Berufserfahrung

Methodenkompetenzen

- Allrounder/-in, Generalist/-in
- Eigenständiges Arbeiten
- Fähigkeit zur Chefentlastung
- Terminkoordination und -kontrolle
- Organisationsfähigkeit
- Sorgfalt, Genauigkeit
- Motivation, Engagement

Die sozialen Kompetenzen werden von Unternehmen sehr hoch eingeschätzt.

Soziale Kompetenzen

- Offenheit, Verbindlichkeit, Herzlichkeit
- Kommunikationsfreude
- Kontaktfreude
- Zuverlässigkeit
- Diskretion, Vertrauenswürdigkeit
- Loyalität

Finden Sie zu jedem Schlüsselwort Ihre dazu passenden Kompetenzen.

Nachdem die Schlüsselwörter der Stellenanzeige strukturiert sind, ordnet der Bewerber ihnen seine entsprechenden Fähigkeiten, Fertigkeiten und Kenntnisse zu.

Erwähnen Sie die wichtigen Schlüsselwörter im Vorstellungsgespräch immer wieder.

Beispiel: So könnte das Qualifikationsprofil einer passenden Bewerberin für die Stelle der Chefsekretärin aussehen

Fachkompetenzen

- Ausbildung zur Bürokauffrau (IHK)
- Geprüfte internationale Managementassistentin, Bundesverband Sekretariat und Büromanagement (bSb)
- Business English Certificate (BEC) Vantage, Cambridge Institute
- Microsoft Office Specialist (MOS), Microsoft Office Master-Zertifikat (the campus)
- Erfahrungen im Eventmanagement
- Selbstständige Korrespondenz in der aktuellen Position

Methodenkompetenzen

- Flexibilität (Allrounderin, Generalistin) und Fähigkeit zur Terminkoordination und -organisation aufgrund der früheren Erfahrung, für zwei Chefs zu arbeiten
- Fähigkeit zum eigenständigen Arbeiten bewiesen durch Organisation von Events und Projektarbeiten
- Lern- und Weiterbildungsbereitschaft als Indiz für Motivation
- Liebe zum Beruf der Sekretärin als Grundlage für Engagement

Soziale Kompetenzen

- Kommunikationsfreude bewiesen in häufigen Kontakten mit Kunden und Geschäftspartnern in früheren Positionen
- Zuverlässiges Arbeiten in Zeugnissen mit »sehr gut« bewertet
- Loyalität im Zeugnis ausgewiesen

Achtung: Die Schlüsselwörter, die in der Anzeige stehen, erwähnen Sie im Vorstellungsgespräch einmal oder sogar mehrmals. Im folgenden, veranschaulichenden Beispiel sind einige Stichwörter aus der Anzeige mit konkreten Beispielen belegt. So lassen sich Personaler im Vorstellungsgespräch am leichtesten überzeugen:

- »Der sichere und professionelle Umgang mit allen aktuellen Microsoft-Office-Programmen inklusive Excel und PowerPoint ist für mich selbstverständlich. In meinen bisherigen Positionen habe ich regelmäßig Präsentationen für meinen Chef erstellt und die aktuelle Vertriebsstatistik mithilfe von Excel-Tabellen zusammengestellt. Selbstverständlich nutze ich auch das Internet für jede Art der beruflichen Recherche, sei es, um Zitate für Geburtstags- und Gratulationsschreiben zu finden oder um für meinen Chef Wettbewerbsbeobachtung zu betreiben.«

Betonen Sie, dass Sie gerne eigenverantwortlich arbeiten.

- »Bis auf wenige Ausnahmen habe ich die Korrespondenz immer selbstständig verfasst. Dabei richte ich mich formal nach DIN 5008 und achte natürlich auf eine korrekte Rechtschreibung und Zeichensetzung. Bei sehr wichtigen Korrespondenzvorgängen habe ich bisher immer im Team mit einer Kollegin gearbeitet. Wir haben die Briefe oder Unterlagen dann gegenseitig Korrektur gelesen. Zwei Augenpaare sehen in der Regel mehr als eines.«
- »Meinen größten Event habe ich im vergangenen Jahr organisiert. Das war die Vertriebstagung in London mit 400 Teilnehmern. Ich musste die Tagung teilweise vor Ort, teilweise aber auch von Berlin aus organisieren. Dabei konnte ich ausgiebig meine Kenntnisse der englischen Sprache unter Beweis stellen. Das Projekt hat mir riesigen Spaß gemacht, weil ich völlig eigenständig handeln konnte und – das sage ich auch mit etwas Stolz – es war ein voller Erfolg. Überhaupt liebe ich es, zu organisieren und zu koordinieren. Dabei ist es mir ein persönliches Anliegen, dass alles perfekt und reibungslos abläuft.

Geben Sie mit Schlüsselwörtern den typischen »Stallgeruch« des Unternehmens wieder.

Der Vorteil: Je mehr Sie die Anforderungen des Unternehmens aus der Stellenausschreibung direkt oder auch in umschriebener Form im Vorstellungsgespräch einfließen lassen und damit betonen, dass Sie fachlich, methodisch und sozial dafür qualifiziert sind, desto höher steigen die Chancen, dass Sie letztendlich das Rennen machen. Denn mit den entsprechenden Schlüsselwörtern sprechen Sie die gleiche Sprache wie der oder die Unternehmensvertreter und stellen damit schnell eine Gemeinsamkeit her. Diese sprachliche Gemeinsamkeit spiegelt einen Teil des sogenannten »Stallgeruchs« eines Unternehmens wider und suggeriert den Interviewern, dass die Chemie zwischen Bewerber und Unternehmen stimmt.

Stärken-Schwächen-Analyse anfertigen

Vorsicht: Personalverantwortliche entlarven Schauspieler schnell!

Eine selbstbewusste innere Haltung im Vorstellungsgespräch ist die Grundvoraussetzung für den Erfolg. Dieses Selbstbewusstsein darf aber nicht aufgesetzt oder gespielt wirken, sondern sollte so authentisch wie möglich sein. Personaler können sehr gut unterscheiden, wer tatsächlich von sich selbst und seinen Fähigkeiten überzeugt ist und wer im Gegensatz dazu versucht, mehr zu scheinen als zu sein.

Was macht inneres Selbstbewusstsein eigentlich aus? Es entspringt dem Wissen über sich selbst, wo die eigenen Stärken aber auch die Schwächen liegen. Inneres Selbstbewusstsein hat also erst einmal nichts mit einem selbstbewussten Auftreten nach außen hin zu tun, obwohl das eine das andere häufig nach sich zieht.

Selbstbewusstsein entsteht durch das Wissen um die eigenen Stärken und Schwächen.

Um innerlich möglichst gefestigt in das Vorstellungsgespräch zu gehen, befasst sich der Bewerber deshalb im Vorfeld am besten ausführlich mit seinen persönlichen Stärken und Schwächen in Bezug auf die geforderten Qualifikationen, und zwar in allen drei Kompetenzbereichen, das heißt sowohl fachlich und methodisch als auch sozial.

Beispiel: Stärken-Schwäche-Analysen

Fachkompetenzen	
Stärken	**Schwächen**
Abschluss Bürokauffrau und eine zusätzliche Qualifikation im Bereich Sekretariat	kein Abitur, das bei Chefsekretärinnen mit Assistenzaufgaben oft vorausgesetzt wird
Sicherheit in allen Anwendungen von Microsoft Office	
sehr gute mündliche Business-Englisch-Kenntnisse	keine Fehlerlosigkeit in der englischen Korrespondenz
Erfahrungen im Eventmanagement	wenig Erfahrungen im Geschäftsreisemanagement
selbstständige Korrespondenz	Formulierungen noch nicht professionell und elegant genug

Methodenkompetenzen	
Stärken	**Schwächen**
flexibel und belastbar	
selbstständiges Arbeiten gewohnt	kommt schlecht mit starren Vorgaben und Bürokratie zurecht
organisationsstark	
lernbereit, liebt neue Herausforderungen	langweilt sich mit Routinetätigkeiten

Soziale Kompetenzen	
Stärken	**Schwächen**
kommunikationsfreudig	manchmal zu wenig diplomatisch
teamfähig	eher ungeduldig mit langsamen Mitarbeitern
loyal und zuverlässig	
ehrgeizig	kommt mit Misserfolgen schlecht klar
professioneller Umgang mit Geschäftspartnern	

Referenzen als Eintrittskarte nutzen

Wählen Sie als Referenzgeber am besten ehemalige Vorgesetzte.

Ein oder zwei Referenzen können durchaus ein weiterer Pluspunkt für den Bewerber im Rennen um den begehrten Job sein. Die Referenzgeber sollten idealerweise ehemalige Vorgesetzte sein, für die der Bewerber längere Zeit als Mitarbeiter tätig war.

Vorab den gewünschten Referenzgeber ansprechen

Fragen Sie die Referenzgeber vorher, ob sie mit ihrer Nennung einverstanden sind.

Bevor der Bewerber die Betreffenden als Referenz angibt, ist es ratsam, diese persönlich oder telefonisch zu kontaktieren und sie zu fragen, ob sie mit ihrer Nennung überhaupt einverstanden sind. Wenn sie bejahen, besteht der nächste Schritt darin, zu besprechen, welche Aussagen der jeweilige Referenzgeber im Falle einer Anfrage über den Bewerber treffen wird. Behält er sich vor, auch einschränkende Aussagen zu machen, oder will er sich nicht in allen Belangen positiv äußern, ist es besser, auf diese Referenz zu verzichten.

Nennen Sie nur gut gesinnte Referenzgeber.

Nur wenn der Bewerber sichergehen kann, dass der Referenzgeber vorbehaltslos wohlwollend und positiv über ihn und seine Qualifikation sprechen wird, ist es sinnvoll, diesen als Referenz anzugeben. Es muss also unbedingt eine Person des Vertrauens sein. Die meisten Bewerber werden die Referenzpersonen mit Adresse und Telefonnummer bereits in ihren Bewerbungsunterlagen nennen. Der eine oder andere mag es vorziehen, den oder die Referenzgeber erst im Vorstellungsgespräch – sozusagen als weitere Trumpfkarte – zu nennen. Beide Vorgehensweisen sind in Ordnung.

Allerdings werden Personaler den Referenzen eines Bewerbers nicht immer so viel Bedeutung beimessen, wie er es sich vielleicht wünscht. Generell verlassen sich die Unternehmensvertreter auf ihre eigenen Informationsquellen und Netzwerke, weil sie annehmen, dass die angegebenen Referenzgeber mit dem Bewerber sympathisieren und ohnehin nur Gutes über ihn sagen werden. Es kann aber auch vorkommen, dass der betreffende Personaler die Referenzperson kennt und weiß, dass diese nichts beschönigen würde. Dann wiederum kann sich die Referenz – wenn ansonsten alle anderen Fakten passen – als Eintrittskarte für den begehrten Job erweisen.

Freunde oder Verwandte sind als Referenzgeber ungeeignet.

Achtung: Verwandte, Kollegen oder Geschäftspartner (z. B. aus einer ehemaligen Selbstständigkeit) brauchen Bewerber nicht zu nennen. Diese Referenzen werden von Personalentscheidern generell nicht akzeptiert, weil sie dem Bewerber zu nahe stehen. Ein Versuch, sich mit solchen Referenzen Vorteile zu verschaffen, wird höchstens als naiver Manipulationsversuch gesehen und negativ bewertet. Ebenso wenig zu empfehlen sind regelrechte Referenzlisten. Eine große Zahl von Referenzpersonen wird als unglaubwürdig eingestuft oder verleitet den Personalverantwortlichen zu der Annahme, der Bewerber hätte eine Profilneurose.

Die richtigen Fragen überlegen

Mit durchdachten Fragen signalisieren Sie Interesse und Voraussicht.

Genauso wichtig, wie es ist, die Fragen des Interviewers souverän zu beantworten, ist es auch, diesem selbst die richtigen Fragen zu stellen. Bewerber, die durchdachte Fragen stellen, zeigen, dass sie sich vor dem Jobinterview ausführlich Gedanken gemacht haben. Jeder Bewerber kann also mit dem guten Gefühl in das Gespräch gehen, dass er nicht nur das Recht hat, Fragen zu stellen, sondern dass diese von der Unternehmensseite auch erwünscht sind.

Passende Fragen zeugen von ernsthaftem Interesse

Weniger gut kommt es an, wenn Sie einen ganzen Fragenkatalog der Reihe nach von Ihrem Notizblock ablesen.

Je nach Position sind die Interessen und Fragen des Bewerbers natürlich ganz unterschiedlich ausgerichtet. In jedem Fall muss er sie im Vorfeld genau ausarbeiten und notieren. Die vorbereiteten Notizen nimmt er in das Gespräch mit. Wirft er dann in der Interviewsituation das eine oder andere Mal einen Blick auf seine Notizen, um keine wichtige Frage zu vergessen, wird ihm der Intervie-

Fragen dienen dazu, Interesse zu signalisieren oder neue Informationen zu erhalten.

wer dies sicher nicht negativ auslegen, sondern vielmehr den Eindruck gewinnen, dass der Bewerber gut organisiert ist und gründlich arbeitet.
Durch Fragen kann der Bewerber nicht nur sein Interesse und Engagement beweisen, sondern das Gespräch auch geschickt in eine bestimmte Richtung lenken, die für seine Selbstpräsentation vorteilhaft ist. Fragt der Kandidat zum Beispiel nach einem bestimmten Aufgabenschwerpunkt im Rahmen der Stelle, dann kann er gleich auch seine besondere Qualifikation oder Erfahrung für diese Tätigkeit in den Vordergrund stellen.

Beispiel
Bewerber: »Ich denke, dass im Rahmen dieser Assistenztätigkeit speziell auch Präsentationen professionell aufbereitet werden müssen. Liege ich da richtig?«
Wenn die Personalverantwortlichen bejahen, betonen Sie Ihre genau dafür passenden Qualifikationen.
Bewerber: »Ich habe mich in mehreren Fortbildungen im Bereich PowerPoint immer weiter qualifiziert. Das können Sie auch aus meinen Unterlagen ersehen. Für meinen jetzigen Vorgesetzten erstelle ich regelmäßig seine kompletten Präsentationen, z. B. für seine Vorträge auf Kongressen aber auch für die Berichterstattung in der Aufsichtsratssitzung. Mittlerweile lässt er mir diesbezüglich völlig freie Hand. Er gibt lediglich die Eckdaten oder ein Gerüst für seinen Vortrag vor und ich setze diese Vorgaben für seine Präsentation um. Das läuft reibungslos, und er hat mir immer wieder bestätigt, dass er sehr zufrieden mit meiner Präsentationsvorbereitung ist.«

Sie verpassen eine Chance, wenn Sie keine Fragen stellen. Im Jobinterview können Sie viel über das Unternehmen erfahren.

Die Fragen des Bewerbers im Jobinterview sind für die Personalverantwortlichen ein wichtiger Hinweis darauf, was für den Kandidaten besonders wichtig ist, das heißt, was ihn motiviert und welche Ansprüche er an die Position und das Unternehmen hat. Die Erfahrungen von Personalern zeigen jedoch, dass ungefähr ein Drittel aller Kandidaten im Jobinterview überhaupt keine Fragen stellt.
Dabei ist das Vorstellungsgespräch eine entscheidende Situation, die die beruflichen Bedingungen für den poten-

ziellen Mitarbeiter auf Jahre hinaus festlegen kann. Abgesehen von der Gehaltsverhandlung kann der Bewerber in allen Phasen des Jobinterviews durch vertiefende Fragen erfahren, wo genau er eingesetzt wird, welche Erwartungen das Unternehmen an den Stelleninhaber hat, welche über die in der Stellenanzeige beschriebenen hinausgehen, wie das Team zusammengesetzt ist und vieles mehr. Wer keine Fragen stellt, den erwarten womöglich unliebsame Überraschungen im neuen Unternehmen. Eine Kündigung und erneute Jobsuche nach kurzer Zeit machen sich in keinem Lebenslauf gut und müssen beim nächsten Arbeitgeber erklärt werden.

Haken Sie vor allem nach, wenn der Jobanbieter die künftigen Aufgaben nur sehr vage beschreibt.

Unpassende Fragen wirken kontraproduktiv

Am besten machen Sie sich als Bewerber im Vorfeld Stichpunkte zu allen Fragen, die Ihnen einfallen. Dann wählen Sie die für Sie wichtigsten Fragen aus, die Sie im Interview stellen wollen.

Denn Vorsicht: Der Personalverantwortliche begrüßt zwar interessierte Fragen, die auf Engagement und Gründlichkeit hinweisen. Er will aber auch nicht »gelöchert« und mit allen möglichen Detailfragen bombardiert werden, die Sie leicht selbst hätten recherchieren können. Ein Zuviel an Fragen könnte Sie schnell als Erbsenzähler erscheinen lassen, der später als Mitarbeiter permanent auf seine Rechte pochen will. Es ist also wichtig, die richtige Mischung zu finden und sich auf die wirklich relevanten Fragen zu beschränken. Am besten stellen Sie die Fragen am Ende des Gesprächs oder formulieren sie vereinzelt als Zwischenfragen, wenn sie gerade in den Themenbereich passen. Die meisten wichtigen Fragen werden sich im Laufe des Gesprächs ohnehin ganz von selbst beantworten.

Überschütten Sie den Interviewer nicht mit unwichtigen Detailfragen.

Bei Aufgaben mit Führungsverantwortung sollten Sie sich über die Unternehmensstruktur und -hierarchie informieren.

Vermeiden Sie Missverständnisse, indem Sie das Wichtigste zusammenfassen.

Beispielfragen für Bewerber

- »Wie genau ist mein Verantwortungsbereich abgesteckt?«
- »In Ihrer Stellenausschreibung betonen Sie ... Können Sie erläutern, was das für die Stelle konkret im Berufsalltag bedeutet?«
- »Wie sind meine Aufgaben gewichtet?«
- »Wer ist mein direkter Vorgesetzter?«
- »Wem gegenüber habe ich Weisungsbefugnis?«
- »Wer berichtet an mich?«
- »Wie viele Personen arbeiten in der betreffenden Abteilung?«
- »Wie groß ist das Team, in dem ich arbeiten würde?«
- »Werde ich mit konkreten Zielvorgaben arbeiten?«
- »Gibt es regelmäßige Feedbackgespräche?«
- »Mit welchen anderen Abteilungen werde ich eng zusammenarbeiten?«
- »Mit wem teile ich meinen Arbeitsplatz?«
- »Gibt es eine bestimmte Person, die mich einarbeiten wird?«
- »Wie selbstständig kann ich arbeiten?«
- »In welchem Rahmen kann ich selbst Entscheidungen treffen?«
- »Wie hoch ist meine Budgetverantwortung?«
- »Welche Unterschriftsvollmachten werde ich haben?«
- »Ist ein Auslandsaufenthalt vorgesehen?«
- »Wie sieht es mit Geschäftsreisen aus?«
- »Wie stellen Sie sich den idealen Mitarbeiter vor?«
- »Womit kann ein Mitarbeiter Sie positiv überraschen?«
- »Wie gehen Sie mit Vorschlägen, Ideen und Feedback Ihrer Mitarbeiter um?«
- »Für mich hat sich im Gespräch gezeigt, dass Sie von dem neuen Stelleninhaber schwerpunktmäßig Folgendes erwarten *... (Zusammenfassung der wichtigsten Anforderungen).* Habe ich damit die Aufgabenstellung richtig verstanden?«

Beispielfragen für Bewerber (Forts.)

- »Aus welchem Grund wird die Position neu besetzt?«
- »Wie lange hatte der bisherige Stelleninhaber seine Position inne?«
- »Wurde die Position neu geschaffen?«
- »Wie sehen Sie mein Entwicklungspotenzial in Ihrem Unternehmen?«
- »Welche Weiterentwicklungsmöglichkeiten gibt es für mich im Unternehmen?«
- »Werde ich in einem Großraumbüro arbeiten oder sind es abgeschlossene einzelne Büros?«
- »Wäre es möglich, dass Sie mir den Arbeitsplatz zeigen?«
- »Kann ich meine Kollegen vorab kurz kennenlernen bzw. in der Abteilung besuchen?«
- »Ist es möglich, meinen Vorgesetzen vorher kennenzulernen?«
- »Was halten Sie von einem Probearbeitstag in Ihrem Unternehmen?«
- »Wie werden Überstunden bei Ihnen gehandhabt?«
- »Gibt es bei Ihnen eine Gleitzeitregelung?«

Stellen Sie Fragen, die vorwiegend Ihren eigenen Nutzen betreffen, erst gegen Ende des Gesprächs.

Den richtigen Zeitpunkt wählen

Bei diesen beispielhaft aufgeführten Fragen stehen die Fragen, die sich vorwiegend auf die Aufgaben der zukünftigen Stelle beziehen, am Anfang der Liste. Damit beweist der Bewerber, dass er sich besonders für die Aufgabeninhalte und den Umfang seiner künftigen Verantwortung interessiert. Wenn er im selben Kontext seine Fähigkeiten und Qualifikationen nennt, präsentiert er dem Personalverantwortlichen damit den Nutzen, den er dem Unternehmen als Mitarbeiter bieten kann.
Die Fragen am Ende des Katalogs, zum Beispiel nach der Überstundenregelung, beziehen sich indirekt oder direkt auf den persönlichen Nutzen des Bewerbers. Deshalb ist

es geschickt, sie im Jobinterview erst etwas später zu stellen, dann, wenn der Kandidat sich im inhaltlichen Bereich bereits sehr gut präsentiert hat.

Fragen zu Gehalt und Urlaub kommen erst gegen Ende des Interviews zur Sprache.

Wenn kein zweites Vorstellungsgespräch geplant ist, kommen die Gehaltsfrage und weitere Themen wie Urlaub und Sozialleistungen zum Schluss des Jobinterviews zur Sprache. Am besten warten Sie hier das Signal der Personalverantwortlichen ab, die diese Themen einleiten werden. Das Gehalt wird in den meisten Fällen aktiv von der Unternehmensseite angesprochen. Lassen sich die Personaler dann nicht weiter zum Urlaub oder den Sozialleistungen aus, können Sie zum Beispiel anschließend fragen: »Es stehen noch ein paar Fragen zum Urlaub bzw. den Sozialleistungen aus. Ist ein zweites Gespräch geplant oder wollen wir diese Fragen gleich jetzt noch klären?«

Auch die Frage nach der Erstattung der Reisekosten gehört ganz ans Ende des Bewerbungsgesprächs, falls sie nicht ohnehin bereits im Vorfeld geklärt wurde. Mit diesem Verhalten beweisen Sie, dass Ihnen die inhaltlichen Fragen zu Ihrer potenziellen neuen Aufgabe vorrangig wichtig sind, sie also intrinsisch motiviert sind. Erkundigen Sie sich dagegen gleich zu Beginn des Gesprächs nach Gehalt, Urlaubstagen, Arbeitszeiten und Sozialleistungen, beweist das, dass Sie vornehmlich an Geld und Freizeit interessiert sind.

Unternehmen wollen Mitarbeiter, die vor allem an den Aufgaben interessiert sind.

Unternehmen aber suchen vor allem eines: Mitarbeiter, die ihre Position mit Begeisterung antreten und ihre Aufgaben engagiert und motiviert wahrnehmen. Wer dagegen im Jobinterview zwischen den Zeilen durchblicken lässt, am liebsten Dienst nach Vorschrift zu tun und vor allem seine Vorteile und Rechte als Arbeitnehmer im Auge zu haben, hat kaum Aussichten auf die neue Stelle.

Tipp

In der Regel werden Bewerber gegen Ende des Vorstellungsgesprächs aufgefordert, ihre eigenen Fragen zu stellen. Einige aus Ihrer Liste werden sich im Verlauf des Gesprächs bereits von selbst beantwortet haben. Trotzdem sollten Sie zu diesem Zeitpunkt noch ein paar Fragen auf Ihrer Liste parat haben. Denn Bewerber, die keine Fragen stellen, werden von Personalentscheidern als passiv und desinteressiert eingeschätzt.

Nicht nur beim Formulieren der Antworten auf die Fragen des Interviewpartners, sondern auch dann, wenn Sie Ihre eigenen Fragen vorab zusammenstellen und wenn Sie sie im Interview aussprechen, sollten Sie stets die Wirkung auf Ihr Gegenüber im Blick behalten. Fragen und Formulierungen, die den Eindruck erwecken, Sie seien sich Ihrer Einstellung im betreffenden Unternehmen ganz sicher, sind im Vorstellungsgespräch unangemessen. Dem Interviewpartner können Sie den Eindruck vermitteln, Sie neigten dazu, »die Rechnung ohne den Wirt« zu machen. Bleiben Sie also während des gesamten Gesprächs so aufmerksam und umsichtig, dass sich Ihre Geprächspartner nicht überrumpelt fühlen.

Sicherheit durch Rollenspiel

Bauen Sie Ihre Unsicherheit und Spannung durch gute Vorbereitung ab.

Die meisten Bewerber verspüren eine gewisse Unsicherheit vor einem Vorstellungsgespräch, wenn nicht sogar starkes Lampenfieber oder Angst. Besonders, wenn es um eine Position geht, die ein Kandidat besonders begehrt, steigt die Angst vor dem Versagen und damit die Nervosität. Wer das Gefühl hat, in Bewerbungssituationen nicht hundertprozentig sicher zu sein, sollte unbedingt vorher üben – zum Beispiel vor dem Spiegel mit einem imaginären Interviewpartner. Noch wesentlich erfolgversprechender ist es, die Bewerbungssituation in einem Rollenspiel nachzuempfinden. Das vorbereitende Training in einem möglichst gut simulierten Rollenspiel kann Unsicherheit und innere Spannung sehr gut abbauen.

Wählen Sie nur Rollenpartner aus, die Ihnen vertraut sind.

Je nachdem, wie realistisch die Bewerbungssituation nachgestellt werden soll, wählt der Bewerber mehrere Personen für das Rollenspiel aus. Zum Beispiel: Ein Rollenpartner spielt den zukünftigen Vorgesetzten, einer den Mitarbeiter aus der Personalabteilung, der ebenfalls beim Vorstellungsgespräch anwesend ist, ein Dritter beobachtet das Rollenspiel lediglich und gibt seine Eindrücke wieder. Wer nicht so viele Rollenspieler zur Verfügung hat, begnügt sich mit einem Rollenpartner, der sowohl die Rolle des Interviewers einnimmt als auch die des Beobachters, der das Verhalten des Bewerbers während des Rollenspiels gleichzeitig verfolgt und reflektiert. Bei den Rollenpartnern handelt es sich idealerweise um Personen, denen Sie als Bewerber vertrauen und von denen Sie ehrliches Feedback erwarten können.

Fordern Sie ehrliche und konstruktive Kritik von Ihren Rollenpartnern.

Schließlich geht es im vorbereitenden Rollenspiel nicht darum, sich ausschließlich Lob, sondern ehrliche und konstruktive Kritik von den Rollenpartnern einzuholen, damit Sie Ihr Verhalten korrigieren und für die reale Bewerbungssituation optimieren können.

Um Konflikte im Rollenspiel von vorneherein zu vermeiden, empfiehlt es sich, klare Feedbackregeln aufzustellen.

Nehmen Sie Kritik im Rollenspiel nicht persönlich.

Zehn Regeln für positives Feedback im Rollenspiel

1) Der Bewerber erklärt sich ausdrücklich mit konstruktivem Feedback ihm gegenüber einverstanden.
2) Der Kandidat fordert das Feedback seiner Rollenpartner zusätzlich durch Fragen ein.
3) Der Bewerber hört sich das Feedback in Ruhe an und unterbricht nicht.
4) Der Bewerber nimmt Kritik nicht persönlich, sondern nimmt sie als Anlass, kritisch darüber nachzudenken, Nutzen daraus zu ziehen und sein Verhalten – wenn nötig – zu ändern.
5) Der Feedbackgeber gibt auch unaufgefordert Feedback, immer dann, wenn es sinnvoll ist.
6) Das Feedback ist so ausführlich und so konkret wie möglich. Wahrnehmungen werden als Wahrnehmungen, Vermutungen als Vermutungen und Gefühle als Gefühle mitgeteilt (z. B. »Ich empfinde ...«).
7) Das Feedback analysiert nicht die Persönlichkeit des Bewerbers.
8) Der Feedbackgeber kritisiert den Bewerber nicht in seiner Person als Ganzes, sondern nur das beobachtete konkrete Verhalten.
9) Der Feedbackgeber übt nicht nur Kritik, sondern lobt auch. Das heißt, er formuliert positive Gefühle und Wahrnehmungen.
10) Das Feedback folgt möglichst unmittelbar auf das Verhalten.

Den Ablauf des Rollenspiels vorher gemeinsam festlegen.

Wichtig
Damit der Bewerber einen konkreten Nutzen aus dem Rollenspiel ziehen kann, legen die Beteiligten vorher gemeinsam fest, welchen Ablauf das simulierte Vorstellungsgespräch haben soll. Die Beteiligten bereiten alle Phasen des Bewerbungsgesprächs vor, beginnend mit dem ersten Eindruck, wenn der Bewerber den Besprechungsraum betritt bzw. wenn die Begrüßung stattfindet, über die typischen Fragen, die an den Bewerber gestellt werden, bis hin zur Verabschiedung. Jeder Beteiligte überlegt sich im Vorfeld, wie er in der entsprechenden Phase des gespielten Vorstellungsgesprächs agieren will, welche Fragen er stellen und welche Aussagen er treffen wird. Erst wenn sich jeder gut genug vorbereitet fühlt, wird mit dem Rollenspiel begonnen. Das Bewerbungsgespräch kann dann komplett durchgespielt oder in die verschiedenen Phasen unterteilt werden.

Beispiel: Phasen des Rollenspiels
- Begrüßung und Vorstellung
- Small Talk
- Vorstellung des Unternehmens
- Fragen zu Bewerbung und Lebenslauf
- Typische Fragen im Vorstellungsgespräch
- Kritische Fragen
- Fragen des Bewerbers
- Die Gehaltsfrage
- Fragen zu Urlaub und Sozialleistungen
- Verabschiedung

Spielen Sie die verschiedenen Bewerbungsphasen im Rollenspiel Schritt für Schritt durch.

Im ersten Durchlauf des Rollenspiels wird am besten jede einzelne Phase separat gespielt und dann gleich anschließend gemeinsam ausgewertet und verbessert. Erst wenn der Bewerber sich in jeder einzelnen Phase sicher fühlt, wird das Gespräch als Ganzes geprobt.

Durch das Rollenspiel verlieren Sie Ihre Angst vor dem Interview.

Das sind die Vorteile eines vorbereitenden Rollenspiels:

Der Bewerber

- gewinnt Sicherheit und Selbstvertrauen für die reale Gesprächssituation,
- verliert durch das Training im Rollenspiel seine Angst,
- erhält von seinem Gesprächspartner eine Rückmeldung und erkennt dadurch die Diskrepanz zwischen seinem tatsächlichen Verhalten und seinem beabsichtigten Verhalten,
- übt die Begrüßung und Verabschiedung im Vorstellungsgespräch,
- baut sprachliche und rhetorische Unsicherheiten ab,
- entscheidet sich für zielorientierte Formulierungen,
- korrigiert Verhaltensfehler im Vorfeld,
- lernt, im richtigen Augenblick die Gesprächsführung zu übernehmen,
- nimmt mit seinem Rollenpartner alle möglichen Fragen des Vorstellungsgesprächs vorweg,
- kann seine Außenwirkung wie Körpersprache und Mimik vom Rollenpartner einschätzen lassen und verbessern,
- entwickelt seine Fähigkeit zur Selbstbeobachtung weiter,
- übt neue Verhaltensweisen ein,
- erkennt die Ursachen für das Scheitern in früheren Bewerbungssituationen.

Variieren Sie das Rollenspiel spontan.

Das Vorstellungsgespräch kann im Rollenspiel mehrmals wiederholt und in seinem Ablauf immer wieder spontan variiert werden. So gewinnt der Bewerber zunehmende Sicherheit, auch mit unvorhergesehenen Situationen im Vorstellungsgespräch umzugehen.

Sehr hilfreich für den Bewerber ist es auch, zwischendurch die Position des Interviewers einzunehmen, also die Rollen zu tauschen. Damit kann er sich besser in die Lage des Vorgesetzten hineinfühlen und gewinnt zusätzliches Verständnis für die verschiedenen Situationen im Vorstellungsgespräch.

Stecken Sie den Rahmen für das Rollenspiel nicht zu eng.

Das sind die möglichen Gefahren beim Rollenspiel:

- Es fehlt die Vorbereitung, der Beginn ist zu abrupt.
- Die Teilnehmer nehmen das Rollenspiel nicht ernst. Es wird als Spielerei betrachtet.
- Die Rollenspieler sind gehemmt.
- Der Bewerber will sich nicht lächerlich machen.
- Der Rahmen wird in der Vorbereitung zu eng gesteckt, sodass kein Raum für Spontaneität bleibt.
- Es steht zu wenig Zeit zur Verfügung.
- Im Rollenspiel wird immer wieder ein starres Muster wiederholt, das der Bewerber einübt. Wenn das reale Vorstellungsgespräch von diesem Muster abweicht, verliert der Bewerber seine Sicherheit.
- Ungeeignete Rollenpartner verunsichern den Bewerber durch ihre Kritik mehr, als dass sie ihn stärken.
- Der Bewerber kann keine Kritik ertragen und blockiert.
- Der Bewerber nimmt seine Rollenpartner nicht ernst.
- Die Rollenpartner haben keine Erfahrung mit Bewerbungssituationen.
- Das Feedback ist nicht konstruktiv.
- Positive Verhaltensweisen werden nicht durch Lob verstärkt.

Standardfragen souverän beantworten

Zu einer guten und ausführlichen Vorbereitung gehört auch, sich auf die möglichen Fragen des Interviewers vorzubereiten. Gibt es Brüche oder Lücken im Lebenslauf, sind diese der erste Ansatzpunkt. Hier müssen unbedingt passende Erklärungen und Antworten vorbereitet werden. Denn als Bewerber können Sie sicher davon ausgehen, dass Unternehmensvertreter in dieser Richtung detailliert nachhaken werden und nachvollziehbare Begründungen erwarten.

Die Vorbereitung auf alle Standardfragen ist ein Muss.

Neben diesen individuellen Fragen, die auf den spezifischen Lebenslauf und die Bewerbungsunterlagen des einzelnen Bewerbers abzielen, gibt es zwei Standardfragen, mit denen Bewerber fast in jedem Vorstellungsgespräch rechnen müssen.

Warum bewerben Sie sich für diese Position bzw. dieses Unternehmen?

Verdeutlichen Sie den »roten Faden« Ihrer beruflichen Laufbahn.

Am leichtesten fällt dem Bewerber die Argumentation, wenn die neue Stelle eine logische Weiterentwicklung zur bisherigen beruflichen Karriere darstellt. Bewirbt sich zum Beispiel die Chefsekretärin bei einem neuen Unternehmen als Vorstandsassistentin, ist der Wunsch nach diesem Karrieresprung für den Personalverantwortlichen leicht nachvollziehbar.

Auch einen widersprüchlichen Lebenslauf müssen Sie glaubhaft begründen.

Aber auch Bewerbungen, die nicht so logisch begründbar sind und vielleicht sogar zu einem Branchen- oder Tätigkeitswechsel führen, müssen glaubhaft dargestellt werden, um überhaupt Aussicht auf Erfolg zu haben.

Mögliche Begründungen, warum der Bewerber sich für diese spezielle Position beworben hat:

Der Bewerber ...

- ist seit Jahren in dieser Branche tätig und kennt Wettbewerber und Kunden,
- sieht das Anforderungsprofil in der Stellenausschreibung als neue, spannende berufliche Herausforderung,
- will seine umfangreiche Erfahrung in die beschriebenen Tätigkeitsbereiche einbringen,
- führt eine vergleichbare Tätigkeit bereits in der jetzigen Position aus,
- sieht die angebotene Stelle als folgerichtige Weiterentwicklung in seiner beruflichen Laufbahn an,
- hat seine Ausbildung/Weiterbildung/Umschulung auf diesen Aufgabenbereich ausgerichtet,
- hatte schon immer ein starkes Interesse für diese Aufgabenstellung und nur auf die Gelegenheit gewartet, sich in diesem Bereich einbringen zu können,
- sieht die beschriebene Aufgabe als seine Berufung an und wird sie mit Engagement und Begeisterung ausfüllen, weil er seit Jahren bereits ehrenamtlich/nebenberuflich in diesem Bereich tätig ist,
- weiß, dass er die Stelle erfolgreich ausfüllen wird, weil er über folgende Erfahrungen und Qualifikationen verfügt.

Bringen Sie jetzt all Ihr Hintergrundwissen ins Spiel.

Um diese Antworten auszufeilen und zu untermauern, können Bewerber auf die Hintergrundinformationen zurückgreifen, die sie im Rahmen ihrer ausführlichen Recherche zur Gesprächsvorbereitung gewonnen haben.
Diese Informationen eignen sich vor allem auch für die Begründung, warum sie gerade für dieses Unternehmen arbeiten möchten.

Mögliche Begründungen, warum der Bewerber sich speziell für dieses Unternehmen beworben hat:

Der Bewerber ...

- ist überzeugt von den Produkten/Dienstleistungen des Unternehmens,
- pflegt auch privat eine Leidenschaft für die Produkte/ Dienstleistungen des Unternehmens (z. B. Autos, Mode, Film usw.),
- ist von dem hohen Servicestandard des Unternehmens begeistert,
- ist überzeugt von den Unternehmenszielen,
- hat mit Bewunderung die Personalpolitik des Unternehmens in der Krise verfolgt,
- bewundert die Marktführerschaft des Unternehmens und möchte gern ein Teil des Unternehmens sein,
- vertraut auf die wirtschaftliche Solidität des Unternehmens,
- identifiziert sich mit den ethischen Richtlinien des Unternehmens,
- bewundert und achtet das Engagement des Unternehmens im sozialen Bereich,
- hat sehr viel Positives von Mitarbeitern gehört, die bereits im Unternehmen tätig sind, z. B. über gute Entwicklungs- und Fortbildungsmöglichkeiten,
- glaubt an die strategische Ausrichtung und den künftigen Markterfolg des Unternehmens,
- bewundert die familienfreundliche Mitarbeiterpolitik des Unternehmens.

Vorsicht – folgende Gründe sollten Bewerber lieber nicht angeben, um darzulegen, dass sie gerade für dieses Unternehmen tätig sein möchten:

- Es gibt eine Betriebsrente.
- Das Unternehmen zahlt gut.
- Es gibt überdurchschnittlich viele Urlaubstage.

- Es wird ein 13. Monatsgehalt gezahlt.
- Die Mitarbeiter bekommen Urlaubsgeld.
- Der Arbeitsweg ist angenehm kurz.
- Das Unternehmen hat eine gute Betriebskantine.
- Es werden wenig Überstunden angeordnet.
- Bewerber möchte seinem letzten Arbeitgeber (einem Wettbewerber) eins auswischen.
- Der beste Freund des Bewerbers arbeitet im Unternehmen.
- Der Bewerber hat sich allgemein beworben, weil dieses Unternehmen eine Stelle ausgeschrieben hat.

Unternehmen suchen motivierte Mitarbeiter, die nicht ausschließlich ein finanzielles Interesse haben.

Warum diese Begründungen bei Personalentscheidern nicht gut ankommen, ist offensichtlich. Der Bewerber signalisiert damit, dass ihm nicht die Aufgabeninhalte der Position bzw. das Besondere am Unternehmen wichtig sind, sondern nur die persönlichen Vorteile, die er durch die Anstellung gewinnen würde. Der Bewerber zeigt damit, dass vor allem Geld, Freizeit und sonstige Annehmlichkeiten Priorität für ihn haben. Der Einsatz für die Aufgabe und das Unternehmen sind zweitrangig. Solche Mitarbeiter stellt kein Unternehmen gerne ein.

Warum wollen Sie wechseln?

Eine unvermeidliche Frage: »Warum wollen Sie das Unternehmen wechseln?«

Eine weitere zentrale Frage der Personalverantwortlichen im Vorstellungsgespräch – sofern der Bewerber sich nicht aus der Arbeitslosigkeit heraus bewirbt – wird sein, warum er seinen bisherigen Arbeitsplatz verlassen und nicht mehr bei seinem jetzigen Arbeitgeber tätig sein will.
Kaum ein Bewerber wird das Unternehmen wechseln wollen, wenn er in allen Bereichen mit seiner aktuellen Tätigkeit zufrieden ist. Die meisten Stellenwechsel entspringen einer Unzufriedenheit, die mit dem alten Arbeitsplatz zu tun hat, sei es Ärger mit dem Chef, zu geringes Gehalt, Mobbing bzw. Konflikte mit Kollegen oder langweilige Tätigkeit und Unterforderung. Hin und wieder planen Bewerber einen Stellenwechsel auch deshalb, weil sie unbedingt

in dieser aufregenden/schönen Stadt/Gegend leben möchten oder weil die große Liebe in der Nähe wohnt bzw. weil der Lebenspartner dorthin versetzt wurde und sie ihm folgen wollen.

Sprechen Sie niemals schlecht über Ihre vergangene Tätigkeit bzw. Ihren früheren Chef.

Was die Unzufriedenheit am alten Arbeitsplatz anbelangt, gilt eine grundlegende Regel für das Jobinterview: Ein Bewerber darf über seinen früheren Vorgesetzten oder Arbeitgeber niemals schlecht reden und verschweigt die Probleme, die es vielleicht gab, besser! Denn Personaler neigen schnell zu folgenden Assoziationen:

- Wer Ärger mit seinem früheren Chef hatte, ist wahrscheinlich eine schwierige Persönlichkeit und wird sich auch mit dem neuen Vorgesetzten nicht verstehen.
- Wer gemobbt wurde, ist ein Opfertyp und kann sich nicht wehren, eine Eigenschaft, die nicht zu einem positiv eingestellten und motivierten Mitarbeiter passt.
- Wer Streit mit Kollegen hatte, ist nicht teamfähig, und wer seine Arbeit langweilig fand, ist sicher ungeeignet für Routinetätigkeiten, die auch bei der neuen Tätigkeit anfallen werden.
- Wer sich über ein zu geringes Gehalt beschwert, scheint vorwiegend materialistisch motiviert und weniger an den Inhalten der Aufgabe orientiert zu sein. Kein Chef will einen Mitarbeiter, der ihm ständig mit neuen Gehaltsforderungen in den Ohren liegt.

Erzählen Sie nichts über Konflikte am früheren Arbeitsplatz.

Für Personaler gilt ganz allgemein: Wer heute schlecht über seinen alten Chef oder Arbeitgeber spricht, wird es morgen auch über seinen neuen Chef und Arbeitgeber tun. Deshalb werden Bewerber, die dies tun, besser nicht eingestellt. Übrigens: Auch wer dem Ruf der Liebe folgt oder seine berufliche Laufbahn an den Standortwechseln seines Partners ausrichtet, wird dies wahrscheinlich immer wieder tun. Das zumindest liegt für Personaler nahe. Und wer kann garantieren, dass in Kürze nicht eine neue Liebe entflammt oder der Lebensgefährte wieder versetzt wird?

Begründen Sie den Wechsel mit dem Wunsch nach beruflicher Weiterentwicklung.

Wie aber soll ein Bewerber dann einen Stellenwechsel begründen? Am besten kommt bei den Personalverantwortlichen die logische berufliche Weiterentwicklung als Begründung an.

Bezeugen Sie Loyalität

Zeigen Sie gegenüber Ihrem früheren Unternehmen Loyalität.

Das heißt: Bleiben Sie loyal gegenüber Ihrem bisherigen Unternehmen und äußern Sie sich zufrieden und positiv über die Inhalte Ihrer momentanen Aufgabe. Betonen Sie aber, dass es jetzt an der Zeit sei, sich – entsprechend Ihren beruflichen Zielen – weiterzuentwickeln. Begründen Sie Ihre Bewerbung damit, dass sowohl das Anforderungsprofil der ausgeschriebenen Position als auch die strategische Ausrichtung des Unternehmens vor diesem Hintergrund genau zu Ihren Vorstellungen passen.
Den Stellenwechsel mit mangelnden Perspektiven und Weiterentwicklungsmöglichkeiten im jetzigen Unternehmen zu begründen, ist nur unter einer Voraussetzung erlaubt: Der Bewerber ist momentan in einem kleineren Unternehmen tätig und/oder bereits so weit in der Unternehmenshierarchie aufgestiegen, dass für ihn in diesem Unternehmen tatsächlich keine Aufstiegsmöglichkeiten mehr bestehen.

Erklären Sie, dass die Herausforderung der neuen Stelle genau zu Ihren beruflichen Zielen passt.

Beispielbegründung Stellenwechsel

»In meinem jetzigen Unternehmen bin ich als Abteilungssekretärin für zwei Chefs tätig. Ich arbeite für beide sehr gern, und in den letzten drei Jahren konnte ich eine Menge Erfahrungen für meinen Beruf sammeln und viel Neues dazulernen.
Mein persönliches berufliches Ziel ist es aber, mich noch einen Schritt weiterzuentwickeln und als Assistentin im Geschäftsleitungsbereich eines Unternehmens tätig zu sein. Ich bin überzeugt davon, dass ich hier meine Fähigkeiten als Assistentin voll entfalten kann.
Ihre Stellenbeschreibung passt genau zu meinen beruflichen Zielvorstellungen. Zudem planen Sie – wie ich aktuellen Pressemitteilungen Ihres Unternehmens entnommen habe –, weitere Geschäftsstellen in Großbritannien aufzubauen. In diesem Zusammenhang fällt sicher die mündliche und schriftliche Kommunikation mit englischsprachigen Geschäftspartnern an. Hier könnte ich meine fundierten Kenntnisse in der englischen Sprache gut einbringen und noch ausbauen. Das würde mir sehr entgegenkommen und viel Spaß machen.«

Die häufigsten Arbeitgeberfragen

Mit folgenden Fragen werden Bewerber in Vorstellungsgesprächen immer wieder konfrontiert. Deshalb ist es ratsam, sich bereits vorher eigene Antworten zu überlegen.

Arbeitgeber

Frage: Was erwarten Sie von uns als Ihrem neuen Arbeitgeber? Warum wollen Sie gerade bei uns arbeiten?

Betonen Sie nicht Ihr finanzielles Sicherheitsbedürfnis.

Reaktion: Die falsche Antwort wäre z. B. folgende: »Ich erwarte einen sicheren Arbeitsplatz und eine gute Bezahlung.« Damit zeigt der Bewerber, dass er sich nur absichern will. Alles andere interessiert ihn nicht. Mit dieser Frage will der Personaler aber gerade herausfinden, ob das Unternehmen und die Aufgabe selbst für den Bewerber einen wirklichen Anreiz darstellen.

Legen Sie dar, wo für Sie die Vorteile des neuen Unternehmens liegen.

Betonen Sie an dieser Stelle die Vorzüge des Unternehmens (z. B. internationale Ausrichtung, dezentral organisiert, nachvollziehbare Unternehmensleitlinien) und dass das Anforderungsprofil der Stelle genau zu Ihren Qualifikationen und beruflichen Zielen passt.

Beispiel
»Sie wünschen sich Organisationsstärke, Zuverlässigkeit, Kommunikationsstärke, gute englische Sprachkenntnisse ... Diese Anforderungen entsprechen genau meinen Stärken. So wie Sie die Aufgabe beschreiben, bin ich mir sicher, dass sie mir sehr viel Spaß machen wird, vor allem weil sie für mich persönlich eine sinnvolle Weiterentwicklung darstellt.«

Aufgaben

Frage: Welche Aufgaben hatten Sie in Ihrer bisherigen Stelle?

Reaktion: Hier wird eine sachliche Antwort erwartet, in der Sie – ohne ins Detail zu gehen – die wesentlichen Aufgabenbereiche Ihres Arbeitsplatzes aufzählen.

Beschreiben Sie Ihre Erfahrungen, die Sie in die neue Stelle einbringen können.

Als Bewerber berichten Sie über Ihre Tätigkeit und achten darauf, dass Sie möglichst viele Aufgaben nennen, die auch in der neuen Position auf Sie zukommen würden.

Berufswahl

Frage: Was waren die Gründe für Ihre Studien- bzw. Berufswahl?

Zeigen Sie, dass Sie Ihren Beruf lieben.

Reaktion: Der Interviewer will hören, dass der Bewerber seinen Beruf wirklich als Berufung sieht und ihn damit gerne, wenn nicht leidenschaftlich ausübt. Schlechte Antworten wären: »Weil mein Vater wollte, dass ich diesen Beruf ergreife.« Oder: »Weil es damals nur Lehrstellen für diesen Beruf gab.« Diese Antworten weisen auf Fremdbestimmung oder Notlösungen hin. Besser: »Mir war schon sehr bald – noch während meiner Schulzeit – klar, dass ich ...« Oder: »Meine Stärken lagen immer schon im Zahlenbereich. Mathematik hat mir in der Schule viel Spaß gemacht. Da lag es nahe, dass ich später ...«

Einarbeitung

Frage: Wie stellen Sie sich den Einstieg bei uns vor?

Schätzen Sie Ihre Einarbeitungszeit motiviert, aber realistisch ein.

Reaktion: Kein Personaler möchte auf diese Frage hören: »Na ja, ich fang halt mal an und werde mich schon durchwursteln.« Besser: »Ich habe schon einige Berufs- (Praktikums-)erfahrung und werde viele Tätigkeiten sicher reibungslos übernehmen können. Bei anderen werde ich aber auch Unterstützung brauchen. Es wäre schön, wenn Sie mir für Fragen einen erfahrenen Kollegen nennen könnten. Gibt es in Ihrem Unternehmen eine bestimmte Vorgehensweise, was die Einarbeitung von neuen Mitarbeitern anbelangt?«

Erfolge

Übertreiben Sie nicht mit Ihrer Selbstdarstellung.

Frage: Was waren bisher Ihre größten Erfolge? Oder: Beschreiben Sie uns Ihre Erfolge bei Ihrem letzten Arbeitgeber.
Reaktion: Diese Frage beantworten Sie am besten wahrheitsgemäß und selbstbewusst, ohne Ihr Licht unter den Scheffel zu stellen. Das heißt: Relativieren Sie Ihre Erfolge nicht, treten Sie aber auch nicht zu großspurig auf, sondern stellen Sie sachlich dar, was Sie erreicht haben. Dabei geht es nicht nur um herausragende Erfolge, sondern um alle Vorteile und Verbesserungen für das Unternehmen, die Sie im Rahmen Ihres Verantwortungsbereichs erzielen konnten: von Kostensenkungen über Umsatzsteigerungen und Projekterfolge bis hin zur Verbesserung des Teamklimas. Gleichzeitig lassen Sie durchblicken, dass Sie diese Leistungen auch für das neue Unternehmen erbringen wollen.

Erwartungen

Sagen Sie ganz klar, was Sie von Ihrer neuen Stelle erwarten.

Frage: Was erwarten Sie von der neuen Aufgabe? Oder: Welche Aufgabenschwerpunkte sind für Sie wichtig?
Reaktion: Mit dieser Frage soll überprüft werden, ob die Erwartungen des Bewerbers an die Aufgabe tatsächlich erfüllt werden können. Hier empfiehlt es sich, seine inhaltlichen Erwartungen an die Tätigkeit deutlich zu formulieren. Denn es bringt keinen der Beteiligten weiter, wenn der Bewerber das Unternehmen bereits in der Probezeit enttäuscht verlässt.

Flexibilität

Signalisieren Sie, dass Sie flexibel sind.

Frage: Wie gehen Sie mit Veränderungen um?
Reaktion: Bei dem heutigen schnellen Wandel in den Unternehmen müssen Mitarbeiter in der Regel viel Flexibilität

zeigen. Starre Routinetäter, die sich vor jeder Veränderung im Job fürchten, lieben Vorgesetzte nicht. Auf diese Frage antworten Sie deshalb zum Beispiel, dass Veränderungen zum Leben gehören und das Berufsleben interessant machen. Veränderungen beinhalten die Chance, sich weiterzuentwickeln.

Hobbys

Frage: Was machen Sie gerne in Ihrer Freizeit? Oder: Was sind Ihre Hobbys?

Die Hobbys geben dem Personaler Aufschluss über bestimmte Fähigkeiten des Bewerbers.

Reaktion: Hobbys geben dem Personaler Aufschluss über die Persönlichkeit und die Vorlieben des Bewerbers. Dadurch kann er wieder Rückschlüsse ziehen, wie gut er zu der ausgeschriebenen Aufgabe passt. Briefmarkensammler wird er als genaue, eher detailverliebte Mitarbeiter sehen, Hobbyköche als kreativ, aktive Sportler als dynamische Macher und Leseratten als Kopfarbeiter. Ganz so platt wird zwar kein Interviewer Hobbys auslegen. Deshalb können Sie Ihre Hobbys getrost nennen. Seien Sie aber vorsichtig mit der Angabe von Hobbys, die mit Aggressionen oder Süchten in Verbindung gebracht werden können, z. B.: »Ich züchte Kampfhunde«, »Ich gehe häufig in die Spielbank« oder »Ich gehe gerne mit meinen Freunden einen trinken«. Bei der Angabe der Anzahl der Hobbys sollte sich der Bewerber auf 2 bis 3 beschränken, sonst könnte ihm übermäßige Freizeitliebe unterstellt werden.

Kritik

Frage: Wie gehen Sie mit Kritik um?

Begründen Sie detailliert, warum Sie gut mit Kritik umgehen können.

Reaktion: Darauf will der Personaler nicht nur hören »Ich kann ganz gut mit Kritik umgehen« sondern eine detaillierte Antwort bekommen, die ihm zeigt, dass der Kandidat sich mit diesem Thema bereits bewusst auseinandergesetzt hat und wirklich kritikfähig ist, z. B.: »Ich begrüße konstruktives Feedback sowohl von meinem Vorgesetzten als auch von meinen Kollegen. Nur dadurch kann ich mich weiterentwickeln. Kritik darf allerdings nicht persönlich werden oder unfair sein. Dann hake ich nach, bis ich den sachlichen Punkt der Kritik nachvollziehen kann.«

Leistung

Frage: Was können Sie für uns leisten? Oder: Warum sollten wir uns für Sie entscheiden?

Sprechen Sie selbstbewusst von Ihren bisherigen Erfolgen.

Reaktion: An dieser Stelle gehen Sie als Bewerber selbstbewusst auf Ihre bisherigen beruflichen Erfolge ein und nennen ganz konkrete Beispiele. Diese Beispiele verknüpfen Sie mit den Anforderungen des neuen Stellenprofils. Stellen Sie Ihre besonderen Kenntnisse und Qualifikationen, mit denen Sie das Unternehmen in Zukunft unterstützen können, möglichst überzeugend dar.

Misserfolge

Frage: Was waren Ihre größten Misserfolge, und wie sind Sie damit umgegangen?

Erzählen Sie, wie Sie aus Fehlern gelernt haben.

Reaktion: Misserfolge hat jeder Mensch im Leben. Sie zu leugnen, wäre unglaubwürdig. Der Interviewer prüft mit dieser Frage die Fähigkeit des Bewerbers zur Selbstreflexion. Dramatische Vorfälle und schwere Niederlagen im Berufs- und Privatleben behalten Sie aber für sich. Zeigen Sie lieber, wie Sie aus einem Fehler oder einer Niederlage gelernt und daraus etwas Positives gemacht haben.

Beispiel
»Ich hätte die Ausbildung zum ... gleich nach meiner Lehre anschließen sollen. Das hätte mich beruflich wahrscheinlich noch schneller zu meinen Zielen geführt. Damals habe ich die Bedeutung dieses Abschlusses nicht erkannt. Andererseits konnte ich mir durch dieses Versäumnis ein paar Jahre später selbst beweisen, dass ich mit viel Durchhaltevermögen konsequent meine Ziele verfolge. Denn eine Abendfortbildung über zwei Jahre neben der vollen Berufstätigkeit ist kein Zuckerschlecken.«

Motivation

Zählen Sie eine Reihe von Tätigkeiten auf, die Sie gerne ausüben.

Frage: Welche Tätigkeiten machen Sie besonders gern? Oder: Was fasziniert Sie an Ihrem Beruf?
Reaktion: Am besten gibt der Bewerber möglichst viele Tätigkeiten an, die ihm Spaß machen und die auch im Anforderungsprofil der neuen Stelle genannt sind, also z. B.: »Ich organisiere gerne«, »Ich habe gerne mit Menschen im Beruf zu tun«, »Es macht mir Spaß, mit Zahlen umzugehen«, »Ich liebe es, immer wieder vor neue Herausforderungen im Beruf gestellt zu werden«, »Ich mag das Gefühl, etwas bewirken zu können«.

PC-Kenntnisse

Frage: Wie gut sind Ihre PC-Kenntnisse?
Reaktion: Hier geben Sie wahrheitsgemäß Ihre PC-Kenntnisse wieder, weisen auf eventuelle Fortbildungen hin und nennen Beispiele, wie Sie diese Kenntnisse mit Ihren bisherigen Tätigkeiten verknüpft haben.

Qualifikation

Frage: Was qualifiziert Sie für diese Position?

Langweilen Sie den Interviewer nicht mit einer wortgetreuen Wiederholung Ihres Lebenslaufs.

Reaktion: Auf diese Frage hin nennen Sie Ihre fachlichen, methodischen und sozialen Kompetenzen und verbinden diese mit den Anforderungen und Aufgaben der neuen Stelle. Nicht empfehlenswert ist hier die Wiederholung des Lebenslaufs. Den hat der Personaler schon gelesen.

Sozialverhalten

Frage: Wenn ich Ihr Kollege wäre, was würde ich besonders an Ihnen schätzen?

Reaktion: Auf diese Frage nennen Sie vor allem Eigenschaften, die zum Anforderungsprofil der Stelle passen, z. B.: Teamfähigkeit, Organisationsfähigkeit, Loyalität, Termintreue, Kreativität usw.

Schwächen

Frage: Welche Schwächen haben Sie?

Sagen Sie nicht: »Ich habe keine Schwächen.«

Reaktion: Kein Mensch hat nur Stärken. Und eine selbstbewusste Persönlichkeit steht zu ihren Stärken, aber auch zu ihren Schwächen. Im Jobinterview allerdings sollte der Bewerber – was seine Schwächen anbelangt – nicht alle Karten offen auf den Tisch legen. Aussagen wie »Ich bin faul« oder »Ich gerate leicht in Stress« sind tabu, auch wenn sie der Wahrheit nahekommen. Am besten nennen Sie zwei, maximal drei Schwächen, die im Grunde genommen auch positiv ausgelegt werden können.

Beispiel
»Ich kann nicht ausschließlich mit Routineaufgaben leben. Sonst langweile ich mich. Die mache ich sicher auch, aber sie gehören nicht zu meinen beliebtesten Tätigkeiten. Ich brauche auch immer wieder eine neue Herausforderung.« Oder: »Ich bin ehrgeizig. Misserfolge treffen mich und machen mir zu schaffen. Deshalb versuche ich, sie zu vermeiden oder so schnell wie möglich wieder auf die Erfolgsspur zu kommen.«

Selbstmotivation

Frage: Wie motivieren Sie sich selbst?

Erzählen Sie, wie Sie Durchhänger überwinden.

Reaktion: Weniger gut kommt folgende Antwort an: »Meine Arbeit ist schließlich meine Pflicht, die ich nach bestem Wissen und Gewissen ausführe.« Das klingt nach »Dienst nach Vorschrift« und weniger nach Leistungsträger. Geben Sie besser verschiedene Strategien zu Selbstmotivation an, die Ihnen zur Verfügung stehen.

Beispiel
»In erster Linie motiviere ich mich natürlich über meine Aufgabe und die damit verbundenen Ziele. Wenn ich mir mein Ziel immer wieder vor Augen halte, gibt mir das die Kraft weiterzumachen. Aber auch allein die Arbeit im Team ist für mich eine tägliche Motivation. Ich freue mich einfach jeden Tag auf die Zusammenarbeit mit meinem Kollegen. Und sollte ich tatsächlich mal einen Durchhänger haben, dann hilft mir dabei am besten Sport. Ich gehe mit ein paar Freunden zum Mountainbiken. Danach fühle ich mich immer wie neugeboren.«

Stärken

Frage: Wo liegen Ihre Stärken? Oder: Wie würde Ihr letzter Arbeitgeber Ihre Stärken beschreiben?

Nennen Sie alle Stärken, die Sie im Vorfeld in Ihrer Analyse herausgefunden haben.

Reaktion: Greifen Sie hier auf Ihre Stärken-Schwächen-Analyse zurück und beschreiben Sie selbstbewusst Ihre Stärken anhand von Beispielen. Idealerweise verknüpfen Sie Ihre Stärken gleich mit den Anforderungen für die neue Position.

Team

Frage: Wann ist Teamarbeit für Sie effizient? Oder: Welche Bedeutung hat für Sie die Arbeit im Team?

Welche für ein Team förderlichen Eigenschaften können Sie einbringen?

Reaktion: Für die meisten Positionen wird Teamfähigkeit vorausgesetzt. Bei dieser Frage verknüpfen Sie geschickt die Vorteile von Teamarbeit mit den Eigenschaften, die Sie persönlich teamfähig machen.

Beispiel

»In Teams ergänzen sich die jeweiligen Stärken der einzelnen Mitglieder. Dadurch entstehen Synergieeffekte. Voraussetzung für eine gute Teamarbeit ist, dass jeder die Qualifikation und Persönlichkeit des anderen respektiert und durch regelmäßige Kommunikation immer wieder Einigkeit bezüglich des gemeinsamen Ziels hergestellt wird. Mir persönlich kommt die Arbeit im Team sehr entgegen, weil ich sowohl gerne organisiere als auch koordiniere und vorzugsweise im Dialog nach Lösungen suche.«

Unternehmen

Frage: Was wissen Sie über unser Unternehmen?

Zeigen Sie, dass Sie überzeugt und begeistert von diesem Unternehmen sind.

Reaktion: Bei einer guten Vorbereitung wird der Bewerber hier die Informationen anbringen, die er im Rahmen seiner Recherche gefunden hat. Selbstverständlich geben Sie nur positive Informationen über das Unternehmen wieder. Negative Presse z. B. behalten Sie für sich.

Warm-up

Frage: Erzählen Sie uns etwas über sich selbst.

Bedenken Sie: Auch wenn Sie nur locker plaudern, erfährt der Personaler wichtige Details über Sie.

Reaktion: Diese Frage wird meist ziemlich früh im Vorstellungsgespräch gestellt und gehört zur sogenannten Warm-up-Phase. Das heißt, der Bewerber soll hier erst einmal locker ins Plaudern kommen. Am besten beginnen Sie mit der generellen beruflichen Richtung, die Sie eingeschlagen haben und warum Sie das getan haben. Dann folgen die wichtigsten beruflichen Stationen sowie Ihre Zielsetzungen und Beweggründe für diese Schritte. Greifen Sie nur einige Eckpunkte aus Ihrem Lebenslauf auf. Den müssen Sie allerdings gut im Kopf haben, damit keine Widersprüche auftauchen. Wichtig: Erzählen Sie sachlich und selbstbewusst, werden Sie nicht großspurig und beschränken Sie sich auf maximal ca. 3 Minuten Redezeit.

Werdegang

Frage: Erzählen Sie uns etwas mehr über Ihren Werdegang.

Berichten Sie über wichtige Abschnitte in Ihrem Berufsleben, in denen Sie viel gelernt haben.

Reaktion: Der Lebenslauf in Stichpunkten liegt den Unternehmensvertretern bereits vor. Jetzt wollen sie hören, welche beruflichen Schwerpunkte der Bewerber setzt, welche Stationen im Beruf besondere Bedeutung für ihn hatten und wie zielorientiert und logisch er seine bisherige Karriere begründen kann.

Ziele beruflich

Frage: Welche beruflichen Ziele haben Sie für die nächsten Jahre? Oder: Wo sehen Sie sich beruflich in fünf Jahren?

Beweisen Sie, dass Sie klare berufliche Ziele haben und diese konsequent verfolgen.

Reaktion: Diese Frage ist eine gute Chance für den Kandidaten, den roten Faden seiner Karriere zu verdeutlichen und seine Zielstrebigkeit zu betonen. Aber Vorsicht: Die Ziele sollten mit der neuen Stelle vereinbar sein. Denn wenn Sie bereits für die nächsten zwei oder drei Jahre berufliche Zukunftsvorstellungen formulieren, die die ausgeschriebene Position nicht erfüllen kann, katapultieren Sie sich ins Aus. Idealerweise beschreiben Sie eine angestrebte Entwicklung, die Sie auch im neuen Unternehmen durchlaufen können. Auch wichtig: Signalisieren Sie, dass Sie zwar zielstrebig, aber auch flexibel sind, also nicht starr und mit Scheuklappen auf Ihr großes Ziel zusteuern.

Ziele privat

Frage: Welche privaten Ziele haben Sie für die nächsten Jahre?

Achtung: Geben Sie nicht zu viel von Ihrem Privatleben preis.

Reaktion: Diese Frage einfach abzulehnen nach dem Motto »Das gehört hier nicht zum Thema«, ist nicht zu empfehlen. Die Wahrheit über alle privaten Pläne müssen Sie aber dennoch nicht ausplaudern. Am besten beantworten Sie diese Frage positiv und allgemein: »Ich bin sehr zufrieden mit meinem Privatleben und wünsche mir, dass alles so bleibt, wie es ist.«

Zufriedenheit

Frage: Wenn Sie beruflich noch einmal ganz von vorne anfangen könnten: Was würden Sie anders machen?

Sagen Sie nicht, dass Sie unzufrieden mit Ihrem bisherigen beruflichen Weg sind.

Reaktion: Wichtig ist, dass Sie hier grundsätzlich Zufriedenheit mit dem bisherigen beruflichen Werdegang signalisieren. Denn danach beurteilt der Personaler, wie gerne der potenzielle Mitarbeiter in seinem Beruf tätig ist. Um realistisch zu bleiben, können Sie aber eine kleine Einschränkung machen.

Beispiel
»Im Großen und Ganzen bin ich sehr zufrieden mit meiner bisherigen Laufbahn. Den Umweg über ... würde ich vielleicht nicht mehr machen. Auf der anderen Seite habe ich dort aber sehr viele Erfahrungen gesammelt, die mir auf den weiteren Stationen meines Berufsweges sehr nützlich waren.«

Neben den üblichen sachlichen Fragen werden Bewerber häufig auch mit Fangfragen oder provozierenden Fragen konfrontiert. Damit will der Interviewer den Kandidaten aus der Reserve locken oder seine Stressstabilität testen. Das erste Gebot bei einer besonders kritischen oder provokanten Frage für den Bewerber heißt: Ruhe bewahren und sich nicht zu einer vorschnellen Antwort verleiten lassen! Die folgenden kritischen Fragen sollte jeder Bewerber in seine Vorbereitung mit aufnehmen.

Absage vorgetäuscht

Frage: Wie würden Sie reagieren, wenn wir Ihnen jetzt sagen, dass Sie in diesem Interview nicht besonders gut abgeschnitten haben?

Lassen Sie sich nicht verunsichern!

Reaktion: Diese Frage dient ganz klar zur Verunsicherung. Als Bewerber reagieren Sie hier am besten ruhig und wahrheitsgemäß.

> **Beispiel**
> »Ich wäre schon überrascht. Denn ich habe bisher den Eindruck, dass unser Gespräch sehr angenehm und positiv verlaufen ist. Bitte sagen Sie mir doch genauer, was Sie damit meinen.«

Anekdote

Frage: Wir sind jetzt mit allen Fragen durch und haben noch fünf Minuten Zeit. Erzählen Sie uns noch eine kleine Anekdote aus Ihrem Leben?

Seien Sie vorsichtig mit humoristischen Äußerungen.

Reaktion: Wer hier nicht den Geschmack oder Humor seines Gegenübers trifft, kann in letzter Minute den Erfolg des Gesprächs zunichtemachen. Deshalb: Auf diese Aufforderung antworten Sie am besten grundsätzlich: »Im Augenblick fällt mir dazu beim besten Willen nichts ein.«

Arbeitgeber aktuell

Stellen Sie Ihren bisherigen Arbeitgeber ausschließlich positiv dar.

Frage: Wie würden Sie Ihren derzeitigen Arbeitgeber beschreiben? Oder: Kennen Sie die größten Missstände in Ihrer jetzigen/vorigen Firma?
Reaktion: Diese Frage soll den Bewerber dazu verlocken, Negatives über seinen jetzigen Arbeitgeber preiszugeben oder sogar Betriebsgeheimnisse auszuplaudern. Wer in diese Falle tappt, hat sofort verloren. Geben Sie deshalb an dieser Stelle nur allgemeine, sachliche Informationen über Ihren derzeitigen Arbeitgeber und beschränken Sie sich auf positive Aussagen.

Beispiel
»Ich arbeite in meiner Firma sehr gerne, das Arbeitsklima ist gut und meine Aufgaben waren interessant und vielseitig. Jetzt steht für mich beruflich aber der nächste Schritt an, und deshalb ...«

Arbeitslosigkeit

Frage: Warum sind Sie schon so lange arbeitslos?
Reaktion: Eine heikle Frage, die nicht mit »Bisher hat mich keiner genommen« beantwortet werden darf. Stellen Sie klar, dass Sie die Zeit der Arbeitslosigkeit produktiv genutzt haben, um Ihre Karriere weiterzuentwickeln – auch wenn dies auf den ersten Blick nicht deutlich wird. Auf keinen Fall dürfen Sie sich in Ihrer Antwort dazu hinreißen lassen, über den Arbeitsmarkt zu jammern oder sich als Opfer darzustellen. Dass Sie keine Arbeit unter Ihrem Qualifikationsniveau angenommen haben, sollten Sie auf eine strategische Entscheidung zurückführen. Das beweist, dass Sie langfristig planen können.

Beispiel
»Ich wollte vorzugsweise wieder in der gleichen Branche und in einer Position tätig sein, die auf meine vergangene aufbaut. In diesem Bereich kann ich einfach am meisten Erfahrung und Know-how einbringen. Ich will meine ursprünglichen beruflichen Ziele trotz der plötzlichen Arbeitslosigkeit nicht ganz aus den Augen verlieren. Das hat meine Suche natürlich eingeschränkt und Zeit gekostet.«

Ausbildung

Frage: Warum haben Sie so lange studiert?

Finden Sie eine triftige Begründung für eine lange Studienzeit.

Reaktion: Eine ehrliche Antwort wie z. B. »Ich habe nicht konsequent genug gelernt« oder »Ich habe zu viel mit meinen Kommilitonen gefeiert« kommt an dieser Stelle nicht gut an. Begründen Sie eine lange Studienzeit besser mit einem Reisejahr zur Erweiterung Ihres Horizonts bzw. Verbesserung Ihrer Sprachkenntnisse vor dem Einstieg in das Berufsleben. Oder geben Sie an, dass Sie sich Ihr Studium mit Nebenjobs selbst verdienen mussten. Das zeugt von Ausdauer und Fleiß. Betonen Sie, dass Sie auf diese Weise Berufserfahrung sammeln und – sofern es stimmt – sogar Branchenkenntnisse erwerben konnten.

Bewerberauswahl

Frage: Wir sind noch nicht von Ihnen überzeugt. Nennen Sie uns ein paar gute Gründe: Warum sollten wir uns gerade für Sie entscheiden?

Zeigen Sie niemals Ärger.

Reaktion: Damit soll der Bewerber verunsichert und unter Druck gesetzt werden. Die Personaler wollen das Selbstvertrauen des Kandidaten testen. Wer jetzt ärgerlich oder aggressiv wird und aufgibt, nach dem Motto »Wenn ich Sie jetzt noch nicht überzeugt habe, wann dann?«, punktet nicht. Am besten greifen Sie jetzt wieder auf Ihre Stärken zurück, die Sie in der neuen Position für das Unternehmen einbringen können. Wichtig ist es, den Nutzen für das Unternehmen zu verdeutlichen und noch einmal seine Begeisterung und Motivation für die Aufgabe fühlbar zu machen, ohne zu dick aufzutragen.

Bewerbungen

Lassen Sie ruhig durchblicken, dass Sie sich gezielt auch woanders beworben haben.

Frage: Wo haben Sie sich außerdem noch beworben?

Reaktion: Hier wäre es falsch zu erzählen, dass Sie zig Bewerbungen an die verschiedensten Unternehmen geschickt haben. Das würde nur beweisen, dass es Ihnen lediglich darum geht, irgendeinen Job zu bekommen, ohne spezifisches Interesse für eine bestimmte Aufgabe. Der Bewerber gibt hier am besten ehrlich zu, dass er sich gezielt auf Positionen beworben hat, die zu seinem Qualifikationsprofil passen. Die Andeutung, dass er auch noch mit einem anderen Unternehmen in Verhandlung steht, kann seinen Marktwert noch steigern.

Eigenkündigung

Frage: Warum haben Sie bei Ihrem vorigen Arbeitgeber gekündigt?

Reaktion: In so einem Fall geht der Interviewer häufig davon aus, dass es beim vorigen Arbeitgeber Konflikte gab, die den Bewerber dazu bewogen haben, selbst zu kündigen. Denn in der Regel bewerben sich Mitarbeiter aus einer Festanstellung heraus. Weil Bewerber sich bei solchen Fragen aber auch nicht negativ über den früheren Arbeitgeber äußern sollten, ist diese Frage schwierig zu beantworten. Bei der Wahrheit können Sie bleiben, wenn z. B. ein Krankheitsfall oder Pflegefall in der Familie Ihre permanente Anwesenheit und damit die Kündigung erforderte. Einigermaßen akzeptabel sind auch ein lange geplantes Sabbatjahr, Kindererziehungszeiten und berufliche Neuorientierung.

Entweder-oder-Fragen

Antworten Sie auf Entweder-oder-Fragen ausweichend.

Frage: Was ist Ihnen lieber: Die Arbeit mit persönlichem Kundenkontakt oder Gespräche mit Kunden am Telefon?
Reaktion: Entweder-oder-Fragen sind immer gefährlich. Bewerber sollten sich hier generell nicht in eine Ecke drängen lassen, sondern versuchen, auf die Frage mit »sowohl als auch« zu antworten.

Beispiel
»Ich mag beides sehr gerne. Zwischendurch, finde ich, ist es immer wichtig, den Kontakt zum Kunden in einem persönlichen Gespräch wieder zu festigen. Und am Telefon oder auch per E-Mail können organisatorische Abläufe zeitsparend geklärt werden.«

Fachwissen

Betonen Sie selbstbewusst Ihre fachlichen Qualifikationen.

Frage: Welches Fachwissen müssen Sie noch erwerben?
Reaktion: Hier soll der Bewerber verunsichert und auf sein fachliches Selbstbewusstsein hin getestet werden. Denn er geht ja davon aus, dass die Interviewer seine Qualifikationsnachweise gelesen und ihn deshalb eingeladen haben. Die passende Antwort wäre hier:

Beispiel
»Ich bin überzeugt, dass meine fachliche Qualifikation den Ansprüchen der Position genügt. Wie mein Lebenslauf zeigt, habe ich durch meine Ausbildung und die vergangenen Stationen meines beruflichen Werdegangs das entsprechende fachliche Know-how erworben und auch erfolgreich umgesetzt. Selbstverständlich werde ich auch in der neuen Position offen sein für jede fachliche Weiterentwicklung und -bildung. Das erachte ich für besonders wichtig.«

Familie

Frage: Sie haben Familie und noch kleine Kinder. Wie können Sie das mit Ihrem Beruf vereinbaren?
Reaktion: Mit diesen Fragen sehen sich vorzugsweise Frauen konfrontiert. Weisen Sie als Bewerberin am besten darauf hin, dass alles sehr gut organisiert ist (z. B. mit Tagesmutter bzw. Großeltern) und dass Ihre familiären Verpflichtungen auch beim jetzigen Arbeitgeber kein Hindernis oder einen Nachteil darstellen.

Jobhopping

Frage: Sie waren nicht besonders lange in den jeweiligen Unternehmen tätig. Warum haben Sie so häufig gewechselt?
Reaktion: Jobhopper sollten sich auf diese Frage besonders gut vorbereiten und ihre häufigen Wechsel gut begründen können, z. B. mit dem Bedürfnis, in den ersten Berufsjahren möglichst viel Erfahrung zu sammeln, das Fachwissen zu vertiefen, die Branche von Grund auf kennenzulernen etc. Auf keinen Fall dürfen sie aber Konflikte für die Wechsel nennen oder sonstige negative Äußerungen über die früheren Arbeitgeber machen.

Geben Sie für häufige Arbeitgeberwechsel nachvollziehbare Gründe an.

Konfliktbewältigung

Frage: Wie gehen Sie mit Konfliktsituationen um? Oder: Wie gehen Sie mit schwierigen Kollegen um?
Reaktion: Diese Frage könnte eine Fangfrage sein. Antwortet der Bewerber »Damit kann ich sehr gut umgehen«, bedeutet das für den Personaler, dass Konflikte für den Bewerber sozusagen an der Tagesordnung sind. Weisen Sie als Bewerber deshalb besser darauf hin, dass Sie nicht allzu häufig in Konfliktsituationen geraten.

Kontern Sie Fangfragen geschickt.

Beispiel
»Ich kann nicht sagen, dass ich häufig in Konfliktsituationen gerate. Wenn aber doch und wenn es um etwas geht, was mir sehr wichtig ist, bin ich durchaus bereit, meinen Standpunkt sachlich zu verteidigen und gemeinsam mit dem anderen eine konstruktive Lösung zu suchen, die für beide vertretbar ist.«

Konflikte mit Vorgesetzten

Frage: Hatten Sie schon einmal Differenzen mit Ihrem Chef?

Ernsthafte Konflikte mit ehemaligen Vorgesetzten erwähnen Sie besser nicht.

Reaktion: Wer schon einige Jahre Berufsleben hinter sich hat und diese Frage entrüstet mit »Nein, natürlich nicht!« beantwortet, macht sich eher unglaubwürdig. Denn Meinungsverschiedenheiten mit einem Vorgesetzten gibt es immer wieder einmal. Weisen Sie als Bewerber lieber darauf hin, dass Sie zwar nie einen Konflikt mit einem Chef hatten, Meinungsverschiedenheiten im fachlichen Bereich aber schon ab und zu vorkamen und sachlich und konstruktiv diskutiert wurden.

Kündigungsgrund

Frage: Warum wurde Ihnen in der letzten Firma gekündigt?

Reaktion: Diese Frage sollte ein Bewerber immer sachlich und nüchtern beantworten. Sind betriebsbedingte Kündigungen der Grund für die Entlassung, wird dies von Personalentscheidern in der Regel akzeptiert. Lesen die Unternehmensvertreter allerdings eine verhaltensbedingte Kündigung aus den Zeugnissen des Bewerbers heraus, sieht das anders aus. Hier hilft Ihnen nur, bei der Wahrheit zu bleiben, die Sachlage möglichst frei von Emotionen zu schildern und unter keinen Umständen negativ über den früheren Arbeitgeber zu sprechen.

Motivation

Sagen Sie, dass Ihnen Ihre Arbeit grundsätzlich immer Spaß macht.

Frage: Was würden Sie tun, wenn Sie eine Million im Lotto gewinnen würden?

Reaktion: Wer hier in strahlende Euphorie verfällt und vom Traumleben auf seiner Luxusyacht erzählt, hat schon verloren, weil er damit zeigt, dass er seinen Job nur aus Gründen des Broterwerbs macht. Unglaubwürdig ist dagegen derjenige, der behauptet, dass sich für ihn nichts ändern würde, weil er weiterhin regelmäßig seiner Arbeit nachgehen würde. Mit der folgenden sinngemäßen Antwort kommen Bewerber am besten weg:

Beispiel
»Natürlich wäre das schön. Wer würde sich das nicht wünschen! Sicher würde so viel Geld das Leben um einiges erleichtern. Ich glaube aber nicht, dass ich ganz aufhören würde zu arbeiten. Ich denke, ich würde immer wieder etwas auf diesem Gebiet unternehmen. Dazu macht mir meine Arbeit einfach viel zu viel Spaß.«

Provokation

Reagieren Sie souverän auf Provokationen.

Frage: Sie sagen, Sie arbeiten gerne im Team. Warum können Sie nicht allein arbeiten?

Reaktion: Diese Frage dürfte vom Interviewpartner bewusst provokativ formuliert worden sein; sie dreht dem Bewerber das Wort im Mund um. Nehmen Sie diesen Aspekt zur Kenntnis, aber gehen Sie nicht darauf ein. Ihr Gegenüber hat Sie mit dieser Frage einer Prüfung unterzogen, in der er herausfinden wollte, wie Sie auf Provokationen generell reagieren und ob Sie schnell aus der Haut fahren. Bleiben Sie ruhig, lassen Sie sich nicht verunsichern, und antworten Sie freundlich auf der sachlichen Ebene: Betonen Sie, dass Sie beides wertschätzen.

Beispiel
»Das eine schließt das andere nicht aus. Wenn ich gerne im Team arbeite, heißt das nicht, dass ich nicht allein und eigenverantwortlich arbeiten kann. Es kommt immer auf die Aufgabe an. Die eine lässt sich besser im Team bewältigen, wie z. B. ein Projekt. Die andere löst man schneller und effizienter, wenn man sie alleine anpackt, wie z. B. die rasche Erledigung einer Kundenreklamation.«

Team

Erkennen Sie Testfragen zu Ihrer Teamfähigkeit.

Frage: Haben Sie das Gefühl, dass Sie – was Ihr Tätigkeitsfeld anbelangt – Ihren Kollegen weit voraus sind?
Reaktion: Hier werden die Selbstreflexions- und die Teamfähigkeit des Bewerbers getestet. Achten Sie darauf, dass Sie keine Antwort geben, die von übertriebener Eitelkeit zeugt oder davon, dass Ihre Fähigkeiten nach Ihrer Einschätzung bisher verkannt wurden. Ihrem Gegenüber würden Sie so den Eindruck vermitteln, dass der Umgang mit Ihnen eher schwierig ist.

Beispiel
»Jeder im Team hat seine besonderen Fähigkeiten, Kenntnisse und Qualitäten. Gerade das macht ja die Vorzüge eines Teams aus: dass sich die Mitglieder gegenseitig ergänzen und so ein optimales Ergebnis erzielen.«

Überstunden

Äußern Sie sich zum Thema Überstunden vorsichtig!

Frage: Wie halten Sie es mit Überstunden?
Reaktion: Auch hier kann der Bewerber leicht in eine Falle tappen. Sagt er, dass er regelmäßig Überstunden macht und dies als Selbstverständlichkeit sieht, könnten Personaler den Schluss ziehen, dass er nicht effizient arbeiten kann. Oder – und das ist ebenso wenig begrüßenswert –

sie gewinnen den Eindruck, dass sie ihm in Zukunft so viel Überstunden wie möglich aufbürden können, weil ihm seine Freizeit ohnehin nicht so wichtig ist. Am geschicktesten antworten Sie hier so:

Beispiel
»Grundsätzlich halte ich sehr viel von effizientem Arbeiten. Mit einer konsequenten Zeitplanung und dem Setzen von Prioritäten kann man eine Menge Zeit gewinnen. Natürlich ist mir bewusst, dass die von Ihnen angebotene Tätigkeit anspruchsvoll ist und von mir zeitliche Flexibilität verlangen wird. Ich denke, es kommt bei einer anspruchsvollen Tätigkeit auch nicht auf feste Uhrzeiten an, sondern auf das Ergebnis und generell auf die sinnvolle Ausgewogenheit von Arbeit und Freizeit.«

Die Gehaltsfrage

Viele Unternehmen verlangen bereits mit den Bewerbungsunterlagen die Gehaltsvorstellungen. Wer hier noch keine Angaben gemacht hat, muss spätestens im Vorstellungsgespräch Farbe bekennen. Die Antwort auf diese Frage ist eine der schwierigsten im Jobinterview. Setzt der Bewerber seine Gehaltsvorstellung zu niedrig an, muss er damit rechnen, für die nächsten Jahre auf diesem Niveau zu verharren. Liegt seine Forderung weit über dem veranschlagten Budget des Unternehmens, läuft er Gefahr, dass er damit als Mitarbeiter nicht infrage kommt. Grund genug also für Sie, sich auf die Gehaltsfrage vor dem Vorstellungsgespräch sehr gut vorzubereiten.

Den richtigen Zeitpunkt wählen

An der Gehaltsfrage kann noch alles scheitern.

In aller Regel wird die Frage des Gehalts gegen Ende des ersten, eventuell aber auch erst im zweiten Vorstellungsgespräch von der Unternehmensseite aus angesprochen. Das Gehalt ist eines der ausschlaggebenden Kriterien, ob man miteinander »ins Geschäft kommt« oder nicht. Sie können noch so gut auf die ausgeschriebene Position passen: Wenn das Unternehmen das von Ihnen geforderte Gehalt nicht zahlen kann oder will, ist jedes weitere Gespräch reine Zeitverschwendung.

Abwarten, bis Ihr Gegenüber das Thema anschneidet

Warten Sie ab, bis die Personalverantwortlichen das Gehalt ins Spiel bringen.

Bei entsprechend hoch dotierten Positionen ist davon auszugehen, dass das Gehalt erst in einem zweiten Gespräch verhandelt wird. In Vorstellungsgesprächen, bei denen es nicht um derartige Führungs- oder Expertenpositionen geht, ist das Gehalt meist bereits im ersten Gespräch ein Thema. Haben Sie als Bewerber lange genug auf die Gehaltsfrage gewartet und wird sie von den Unternehmensvertretern dennoch nicht angeschnitten, können Sie sie auch selbst stellen und zwar im Rahmen Ihrer abschließenden Fragen. Sie sollte aber auch bei diesen Fragen nicht gleich an erster Stelle stehen, sondern einer oder zwei fachlichen bzw. inhaltlichen Fragen folgen. Sie können sie z. B. so formulieren: »Das Gehalt ist zwar nicht das Hauptkriterium, aber trotzdem bedeutsam. Soll dieses Thema heute noch angesprochen werden oder haben Sie noch ein weiteres Gespräch vorgesehen?«

Vorsicht, wenn die Gehaltsfrage gleich zu Beginn kommt!

Manchmal verfolgen die Unternehmensvertreter auch die Überraschungsstrategie und überrumpeln den Kandidaten gleich zu Beginn des Gesprächs mit der Frage nach dem Gehalt. Wenn die Personaler aber nicht nachdrücklich auf einer klaren Aussage mit Angabe von konkreten Zahlen insistieren, versuchen Sie besser, sich um diese Frage herumzuwinden und Zeit zu gewinnen. Denn wer in einer so frühen Phase einen eher niedrigeren Betrag nennt, hat bereits alle Chancen vergeben, im Laufe des Gesprächs noch besondere Punkte zu sammeln und die Personalverantwortlichen so von sich zu überzeugen, dass sie auch einer höheren Summe zustimmen. Oder aber – falls ein Gehaltswunsch an der oberen Grenze geäußert wurde – der Bewerber steht während des gesamten Gesprächs unter Rechtfertigungsdruck, weil er beweisen muss, dass er seinen Forderungen auch gerecht wird.

Lassen Sie sich nicht zu früh festlegen!

Mit folgenden Antworten können Sie sich aus der Affäre ziehen, wenn die Gehaltsfrage gleich zu Beginn des Gesprächs auf den Tisch kommt:

Zögern Sie die Gehaltsfrage im eigenen Interesse so lange wie möglich hinaus.

- »Ich möchte leistungsgerecht bezahlt werden.«
- »Ich wünsche mir eine leistungsgerechte Bezahlung, wie sie auch die anderen Leistungsträger in vergleichbaren Positionen in Ihrem Unternehmen erhalten.«
- »Das ist ein sehr sensibler Punkt. Darf ich zum Ende des Gesprächs darauf zurückkommen? In erster Linie erscheinen mir inhaltliche Fragen zur Aufgabe wichtig. Das Gehalt ist dann eine sicher auch wichtige, aber nachrangige Frage.«
- »Geben Sie mir erst Gelegenheit, Sie und die von Ihnen angebotene Position im heutigen Gespräch etwas näher kennenzulernen? Mit der Nennung meines der-

zeitigen Gehalts gebe ich mehr oder weniger ja auch Gehaltsstrukturen meines derzeitigen Arbeitgebers preis. Das möchte ich aus Loyalitätsgründen erst tun, wenn wir feststellen, dass eine Zusammenarbeit generell infrage kommen könnte. Bitte haben Sie dafür Verständnis.«

Loten Sie aus, welchen Stellenwert die angebotene Position für das Unternehmen hat.

Dem Bewerber sollte generell daran gelegen sein, dass die Gehaltsfrage so spät wie möglich auf den Tisch kommt. Denn je länger er Zeit hat, sich selbst und seine Fähigkeiten möglichst vorteilhaft darzustellen, desto mehr steigt die Wahrscheinlichkeit, dass die Unternehmensvertreter dazu bereit sind, ihr Gehaltsangebot etwas nach oben zu schrauben. Außerdem hat er Zeit, selbst ausreichend Fakten zu prüfen und zwischen den Zeilen zu lesen, um abzutasten, ob er es riskieren kann, die obere Grenze seiner Gehaltsvorstellungen auszureizen oder ob er die Zahl besser ein wenig niedriger ansetzt. Zum Beispiel lässt sich im Laufe des Gesprächs genauer erkennen, welchen Stellenwert die infrage stehende Position für das Unternehmen hat, mit welchem Maß an Verantwortung und mit welchen Kompetenzen und Zuständigkeiten sie verbunden ist. Wer die Ruhe behält, kann auf diese Weise höher pokern.

Gehaltsvergleiche einholen

Zapfen Sie möglichst viele Quellen an, um zu einer realistischen Gehaltsvorstellung zu kommen.

Damit die Forderung des Bewerbers ungefähr im Rahmen des Möglichen liegt und er sich nicht zu billig, aber auch nicht zu teuer verkauft, ist vorher eine gründliche Recherche vergleichbarer Gehälter wichtig. Dabei kann er sich unterschiedlicher Quellen bedienen:

- Freunde oder Bekannte, die in der gleichen Branche in ähnlichen Positionen tätig sind.
- Personalberater, die der Bewerber kontaktieren kann, um mit ihnen seine Positionierung am Markt und seinen Marktwert zu besprechen.
- Das Internet, aus dem sowohl Gehaltsstudien von Personalberatungsunternehmen als auch Gehaltsverglei-

che verschiedenster Berufe und Branchen abgerufen werden können. Zum Beispiel:
www.lohnspiegel.de → Lohn- und Gehalts-Check,
www.nettolohn.de/gehaltsvergleich.html,
www.gehaltsvergleich.com,
http://karriere-journal.monster.de,
www.absolventa.de/gehaltsvergleich.

- Berufsverbände, Gewerkschaften und Tarifverträge.

Nennen Sie als Gehaltswunsch das Jahresbruttogehalt.

Außerdem gibt es Unternehmen, die sich auf die individuelle Vergütungsberatung spezialisiert haben. Im Internet ist eine Reihe von Anbietern in diesem Bereich zu finden, außerdem Gehaltschecks, bei denen der Nutzer seine spezifischen beruflichen Daten eingeben kann, um anschließend den entsprechenden Gehaltsvorschlag zu erhalten.
In der Regel werden beim Gehalt Jahresbruttogehälter verhandelt (inklusive Urlaubs- und Weihnachtsgeld). Deshalb sollten auch die recherchierten Vergleichsgehälter als Jahresbruttoverdienste notiert werden. Prämien sind in den Jahresbruttogehältern nicht enthalten.

Nennen Sie Ihre Gehaltsforderung selbstbewusst und ohne zu zögern.

Personaler zielen in der Regel darauf ab, dass der Bewerber – was die Höhe des Gehalts anbelangt – seine Karten zuerst offen auf den Tisch legt. Damit Sie hier möglichst sicher sein können, richtig zu liegen, ist eine gründliche Recherche der marktüblichen Gehälter im Vorfeld unbedingt zu empfehlen.

Im Zweifel Offenheit

Die meisten seriösen Unternehmen machen faire Gehaltsangebote im Rahmen ihres Gehaltsgefüges.

Sicher gibt es auch Berufsnischen, die keine Gehaltstabelle abdeckt und in der sich der Bewerber sehr schlecht einordnen kann, was die Bezahlung angeht. Statt im Dunkeln zu tappen und mit Ihrer Gehaltsforderung völlig danebenzuliegen, gewinnen Sie hier mit Ehrlichkeit am meisten: »Es fällt mir sehr schwer, mich – was das Gehalt betrifft – einzuordnen.« Diese Strategie funktioniert aber nur, wenn sie glaubhaft ist. Ansonsten wird Ihnen Unwissenheit und mangelnde Vorbereitung unterstellt. Die Erfahrung zeigt, dass die meisten Unternehmensvertreter ohnehin faire Angebote machen. In vielen Unternehmen gibt es ein bestimmtes Gehaltsgefüge, in dem – zumindest annähernd – gleiches Geld für gleiche Arbeit bezahlt wird. Jeder Chef weiß, dass Mitarbeiter untereinander auch über das Geld reden. Bei zu großen Gehaltsunterschieden würden sie den sozialen Frieden im Unternehmen riskieren.

Der Gehaltswunsch: hoch pokern oder tiefstapeln

Berufserfahrung rechtfertigt ein höheres Gehalt.

Grundsätzlich lassen sich Berufserfahrung und nachweislich erzielte Erfolge in früheren Unternehmen in Euro und Cent aufwiegen. Das heißt: Bewerber mit Berufserfahrung und besonderen Zusatzqualifikationen können beim Gehalt höher ansetzen als Berufsanfänger oder Quereinsteiger. Eine Gehaltsforderung an der oberen Grenze sollten Sie gut begründen können, denn die Frage »Womit rechtfertigen Sie eine so hohe Gehaltsforderung?« kommt dann mit großer Wahrscheinlichkeit. Sprechen Sie jetzt Ihre Rechercheergebnisse bezüglich verschiedener Gehaltsstudien an und verweisen Sie auf Ihre Qualifikationen, besonderen Kenntnisse, Erfolge und Ihre Berufserfahrung.

Arbeiten Sie den Nutzen heraus, den das Unternehmen durch Sie hat

Wer seine Gehaltsforderung überzeugend begründen will, muss vor allem den Nutzen veranschaulichen, den er dem Unternehmen als Mitarbeiter bieten kann.

Beweisen Sie, dass Sie für das Unternehmen nur mit gutem Geld aufzuwiegen sind.

Falsch sind also Begründungen des Bewerbers, er brauche so viel Geld, weil die Lebenshaltungskosten in dieser Region höher sind oder weil er noch sein Haus abzahlen muss. Wenn das Unternehmen in einer Gegend angesiedelt ist, in der die Kosten des täglichen Lebens höher sind als anderswo, ist dies den Unternehmensvertretern bekannt und die Zusatzkosten sind bereits im Gehaltsgefüge des Unternehmens einkalkuliert. Richtig und Erfolg versprechend dagegen ist es, wenn der Bewerber durch die Angabe seiner besonderen Qualifikationen und Erfahrungen verdeutlicht, warum gerade er als Mitarbeiter dem Unternehmen einen besonderen Nutzen und damit finanzielle Vorteile bieten kann. Mit fast hundertprozentiger Sicherheit punkten Sie hier, wenn Sie anhand von konkreten Zahlen darlegen können, wie sich Ihre Erfolge finanziell positiv auf Ihr jetziges Unternehmen ausgewirkt haben. Dahinter steht folgendes einfache Rechenexempel, das jeder Unternehmensvertreter anstellen wird: Was müssen wir in den neuen Mitarbeiter investieren, und wie hoch ist im Gegenzug die Rendite, die der Mitarbeiter dem Unternehmen bringen kann?

Tipp

Wenn der Bewerber frühere Erfolge in Zahlen benennen und damit Einsparungen und Kostensenkungen für das jetzige/frühere Unternehmen in Summen oder Prozenten belegen kann, steigen seine Chancen, ein höheres Gehalt verhandeln zu können, erheblich.

Den Rahmen abstecken

Lassen Sie sich nicht zu lange bitten, wenn Sie nach Ihrem Gehaltswunsch gefragt werden.

Wenn es ein Unternehmensvertreter darauf anlegt, dass der Bewerber die Zahlen zuerst auf den Tisch legt, wird dieser kaum darum herumkommen. Er kann noch einmal versuchen, das Blatt zu wenden, indem er vorsichtig eine weiterführende Frage stellt, z. B.: »In welchem Gehaltsrahmen ist die Position in Ihrem Unternehmen angesiedelt?« Lässt sich der Personaler darauf ein, haben Sie als Bewerber bereits einen deutlichen Hinweis. Die Antwort könnte z. B. lauten: »Zwischen 40 000 und 50 000 €, je nach Größe des Verantwortungsbereichs.« Sie können sich jetzt näher an Ihr zukünftiges Gehalt herantasten, indem Sie noch einmal auf das künftige Verantwortungsgebiet eingehen: »Sie haben gesagt, die Position ist mit einer Budgetverantwortung von XY € verknüpft und umfasst den gesamten Einkauf von ...«

Lässt sich der Gesprächspartner zu keiner Aussage herbei, sondern beharrt auf seiner Frage, müssen Sie als Bewerber reagieren und eine Zahl oder zumindest einen Gehaltsrahmen nennen. Denn erfahrungsgemäß reagieren Personaler empfindlich, wenn Bewerber auch nach der zweiten Aufforderung nicht auf die Frage eingehen oder sie mit platten, direkten Gegenfragen konfrontieren, nach dem Motto: »Was sind Sie denn bereit zu zahlen?«

Geben Sie eine Gehaltsspanne an, wenn Sie sich nicht sicher sind.

Wer sich nicht ganz sicher ist, was er erwarten kann, und nicht Gefahr laufen will, mit einer zu hohen Gehaltsforderung aus dem Rennen zu fliegen, kann mit den folgenden beiden Strategien Erfolg haben:

- Der Bewerber antwortet auf die Frage nach dem Gehaltswunsch mit der Angabe einer Gehaltsspanne. Er sagt zum Beispiel: »Ich habe mir ein Jahresgehalt zwischen 40 000 und 50 000 € vorgestellt.« Allerdings muss er damit rechnen, dass die Unternehmensvertreter ihr Angebot dann eher an der unteren Grenze ansetzen.
- Der Kandidat gibt sein bisheriges Einkommen an: »Mein derzeitiges Gehalt liegt bei 40 000 €«. Dieses Vorgehen ist durchaus üblich. Jeder Personaler weiß, dass sich ein berufserfahrener Kandidat – was das Gehalt anbelangt – steigern will. Somit gilt das momentane Gehalt automatisch als Untergrenze.

Tipp

Wer nach gründlicher Recherche der branchenüblichen Gehälter zu dem Ergebnis gekommen ist, dass sein jetziges Gehalt zu niedrig ist, wird sich sicher hüten, es als Basis für die Verhandlungen mit dem neuen Arbeitgeber anzusetzen. Er steigt besser gleich höher ein. Auch bei einem Wechsel der Branche kann sich das Gehalt bei gleicher Tätigkeit erheblich verändern und muss entsprechend höher oder niedriger angesetzt werden.

Berücksichtigen Sie bei Ihrer Gehaltsforderung auch die wirtschaftlichen Rahmenbedingungen.

Natürlich steht es dem Bewerber frei, einen genau definierten Betrag zu nennen. Wenn seine aktuelle Stelle angemessen dotiert ist, kann er seine Gehaltsforderung beim neuen Unternehmen ca. 20 % höher ansetzen. Vorausgesetzt, es herrscht nicht gerade eine Wirtschafts- bzw. Branchenkrise, in die das betreffende Unternehmen involviert ist. Steht das Unternehmen gut da und befindet sich im Aufwärtstrend, sind die Unternehmensvertreter eher offen für höhere Gehaltsforderungen, als wenn es gerade schwierige Zeiten durchmacht und in einigen Bereichen vielleicht sogar über Stellenabbau nachdenken muss.

Die Übernahme von mehr Verantwortung rechtfertigt ein höheres Gehalt.

Ist die neue Aufgabe gegenüber der früheren mit einem größeren Verantwortungsbereich und erweiterten Kompetenzen verbunden, wird Ihre Gehaltsforderung entsprechend höher ausfallen. Als Grundlage dienen auch hier wieder die branchenüblichen Gehälter in ähnlichen Positionen.

Konkret werden – Für und Wider

Die Angabe einer exakten Gehaltssumme birgt das Risiko, dass Sie zu hoch oder zu niedrig liegen.

Grundsätzlich begrüßen Personalverantwortliche die genaue Angabe von Gehaltswünschen. Denn damit wissen sie, welche Vorstellungen der Kandidat hat, und können besser zwischen den einzelnen Bewerbern vergleichen. Letztendlich wollen sie aber immer erreichen, dass der neue Mitarbeiter mit seinem Gehalt zufrieden ist. Denn ein unzufriedener neuer Mitarbeiter, der schon sehr bald wieder kündigt, weil er eine besser dotierte Stelle gefunden hat, kostet das Unternehmen wesentlich mehr Geld, als es beim Gehalt eingespart hat. Mit der Angabe eines exakten Betrags geht der Bewerber allerdings ein größeres Risiko ein, mit seiner Forderung zu hoch zu liegen, die Budgetgrenze des Unternehmens zu überschreiten und damit auszuscheiden. Greift der Bewerber mit seiner Gehaltsforderung eher höher, muss er mit der folgenden Frage rechnen, auf die er möglichst gut vorbereitet sein sollte:

Stehen Sie selbstbewusst zu Ihrer Gehaltsforderung.

Frage: Warum glauben Sie, dass Sie ein so hohes Gehalt wert sind?

Reaktion: »Zum einen spricht dafür meine zielorientierte und sehr fundierte Ausbildung und die diversen Zusatzqualifikationen, die ich in die Aufgabe einbringen kann. Zum anderen bin ich seit einigen Jahren in der Branche tätig, kenne sie sehr genau und habe zahlreiche gute Kontakte aufgebaut, die ich erfolgreich für Ihr Unternehmen nutzen möchte. Auch meine Erfolge bei meinem vorigen Arbeitgeber sprechen für sich. Bei der XY GmbH habe ich durch einen durchdachten Einkauf und gute Verhandlungen nachweislich Kostensenkungen in meinem Verantwortungsbereich von bis zu 25 Prozent erzielt. Diese Erfahrungswerte möchte ich gerne in Ihr Unternehmen einbringen. Ich halte deshalb ein Jahresbruttogehalt von 48 000 € für angemessen. Wenn man die führenden branchenspezifischen Gehaltsspiegel betrachtet, liege ich mit dieser Vorstellung nicht wesentlich über dem Durchschnitt.«

Nehmen Sie Blickkontakt mit dem Interviewer auf, wenn Sie Ihren Gehaltswunsch aussprechen.

Selbstbewusst auftreten – aber nicht arrogant

Ganz wichtig beim Gehaltspoker ist die Haltung des Bewerbers, mit der er seine Gehaltsvorstellung äußert. Es gilt, gelassen zu bleiben und den Betrag ruhig, selbstbewusst und mit fester Stimme zu nennen. Schauen Sie als Bewerber den Fragesteller dabei direkt an. Vermeiden Sie es, dabei ins Stottern zu geraten, den Blick oder die Stimme zu senken oder im Konjunktiv zu sprechen. Das lässt den Interviewer sofort schließen, dass Sie sich nicht sicher sind, ob Sie sich den Job überhaupt zutrauen. Genauso wenig zielführend ist es, die Flucht nach vorne anzutreten und die Gehaltsforderung mit aggressivem Unterton anzubringen.

Formulieren Sie Ihre Gehaltsforderung sachlich und ruhig, weder aggressiv noch zu bescheiden.

Vorsicht: Diese oder ähnliche Formulierungen bei der Gehaltsforderung kommen nicht gut an

- »Unter 30 000 € arbeite ich nicht!«
- »30 000 € brauche ich schon.«
- »30 000 € muss ich auf alle Fälle haben.«

- »30 000 € würde ich schon gerne verdienen.«
- »Ich hätte mir 30 000 € vorgestellt.«
- »Ich weiß nicht, sind 30 000 € angemessen?«

Lassen Sie sich von Schweigepausen nicht irritieren.

Manche Personaler versuchen den Bewerber zusätzlich zu verunsichern, indem sie zum Beispiel schweigen, nachdem der Kandidat sein Wunschgehalt genannt hat, oder eine einschränkende Bemerkung machen, wie: »Tatsächlich, so viel?« Wer gut vorbereitet ist und weiß, dass er sich im üblichen Rahmen bewegt, kann gelassen bleiben und das Schweigen aushalten oder antworten: »Ja, das halte ich für angemessen.«

Die Zukunft einbeziehen

Das Ergebnis des Gehaltspokers ist entweder Zufriedenheit auf beiden Seiten oder aber eine Diskrepanz bei den gegenseitigen Vorstellungen. Wenn das Gehaltsangebot für Sie jenseits der Schmerzgrenze liegt, muss jedoch noch nicht alles verloren sein. Wenn Ihnen sehr viel an dieser Stelle liegt, können Sie z. B. eine Gehaltsstaffelung vorschlagen:
»Ich bin davon ausgegangen, dass meine Gehaltsvorstellung angemessen ist. Ich würde die von Ihnen angebotene Position sehr gerne übernehmen. Allerdings müssen bei einer Zusammenarbeit beide Seiten zufrieden sein. Die Inhalte der Aufgabe stehen für mich zwar im Vordergrund, das Gehalt muss mittelfristig aber auch stimmen. Was halten Sie von folgendem Vorschlag: Wir einigen uns für die Probezeit auf 30 000 €, nach der Probezeit erhöhen Sie auf 32 000 €. Nach einem Jahr können Sie sich sicher ein genaues Bild von mir und meinen Fähigkeiten machen. Dann erhöhen wir auf 35 000 €.«

Fragen Sie nach Ihren Weiterentwicklungsmöglichkeiten.

Auch die vertragliche Einigung auf jährliche Personalentwicklungsgespräche, in denen das Gehalt geprüft und gegebenenfalls angepasst wird, kann den pozentiellen neuen Mitarbeiter davor bewahren, dass er für Jahre auf einem niedrigen Gehaltslevel eingefroren wird. In diesem Zusammenhang sollten Sie als Bewerber vor allem fragen, welche

Weiterentwicklungs- und Aufstiegsmöglichkeiten Ihnen das Unternehmen in Aussicht stellen kann. Um Ihre Karriere vorantreiben zu können, kommt es vor allem darauf an, dass Mitarbeiter in einem Unternehmen entsprechend gefördert werden. Wer sein Können schnell unter Beweis stellt und rasch aufsteigen kann, wird seine ursprünglichen Gehaltseinbußen schnell wettmachen. Ein gutes Gehalt gleicht deshalb mangelnde Aufstiegschancen nicht immer aus.

Zusatzleistungen verhandeln

Wer sich unter Wert verkauft hat, kann mit Zusatzleistungen noch gewinnen.

Der Gehaltspoker beim Bewerbungsgespräch ist immer eine Sache des Verhandlungsgeschicks, des Selbstbewusstseins und der Frage, wie der Bewerber seinen Marktwert einschätzt. Je nachdem, in welcher Situation sich der Jobkandidat befindet, ob er Zeit hat, in Ruhe eine passende und besser dotierte Stelle zu finden, oder ob er sich in einer Drucksituation befindet, wird er mehr oder weniger nervös in die Gehaltsverhandlung einsteigen. Nicht jeder ist in der Lage, auch in Situationen, in denen er mit dem Rücken zur Wand steht, mit kühler Miene hoch zu pokern.

Das Monatsgehalt ist nicht alles

Wer aus Unsicherheit voreilig ein eher niedriges Gehalt genannt hat und an der schnellen Zustimmung des Personalentscheiders erkennen kann, dass er auch hätte mehr verlangen können, muss sich nicht gleich über sich selbst ärgern. Vielleicht kann er noch etwas mehr bei den sogenannten »fringe benefits« heraushandeln, den freiwilligen Lohnnebenleistungen des Unternehmens. Dasselbe gilt, wenn der Bewerber mit seinen Gehaltsvorstellungen zu hoch liegt und das Unternehmen nicht bereit ist, sich über ein bestimmtes Grundgehalt hinauszubewegen. Zu beachten ist dabei, dass in größeren Unternehmen Zusatzleistungen häufig bereits im Tarifvertrag oder in Betriebsvereinbarungen geregelt sind. Eine individuelle Anpassung ist dann nicht möglich.

Steuerfreie Zusatzleistungen wirken sich am Monatsende gehaltserhöhend aus.

Mehr Urlaubstage, konsequent bezahlte Überstunden oder eine generell kürzere Arbeitszeit können ebenfalls ein Grund sein, ein etwas niedrigeres Gehalt zu akzeptieren. Je nach persönlicher Gewichtung des Bewerbers kann mehr Freizeit ein höheres Gehalt mehr als aufwiegen. Unter dem Strich kann ein Mitarbeiter durch entsprechende steuerfreie Zusatzleistungen mehr finanzielle Vorteile erreichen als durch ein Mehr an Gehalt, das ohnehin zum Großteil dem Finanzamt zugutekommt. Freiwillige Leistungen eines Unternehmens können den monatlich zur Verfügung stehenden Betrag mehr oder weniger stark erhöhen, vor allem wenn sie steuerbegünstigt sind und dem Mitarbeiter der Gegenwert damit brutto für netto zu Verfügung steht. Beispiele:

Handeln Sie freiwillige Zusatzleistungen heraus.

- Dienstwagen
- Betriebliche Altersversorgung
- Zuschüsse zur Kinderbetreuung
- Bezahlte Weiterbildung
- Benzingutscheine
- Warengutscheine
- Waren- oder Wertgutscheine von anderen Unternehmen
- Essensmarken
- Kostenloser Parkplatz
- Privater Computer

Wichtiger Tipp für die Verhandlung um Zusatzleistungen

Wenn Sie zu erkennen geben, dass Ihnen die Bezahlung das Wichtigste ist, macht dies einen schlechten Eindruck auf die Unternehmensvertreter. Wer um jeden Cent und jede Zusatzleistung feilscht wie auf dem Basar, läuft Gefahr, abgelehnt zu werden.

Für innere Ruhe sorgen

Zu starke Nervosität kann sich im Vorstellungsgespräch negativ auswirken.

Ob der Bewerber auf der Zielgeraden, dem Vorstellungsgespräch, das Rennen macht oder nicht, wird auch davon entschieden, in welcher Verfassung er an diesem Tag ist. Manche Kandidaten sind so aufgeregt, dass schon am Morgen alles schiefgeht. Sie erscheinen abgehetzt zum Termin und sitzen den Unternehmensvertretern unkonzentriert und nervös gegenüber. Ein denkbar schlechter erster Eindruck. Denn dies wird nicht die letzte Stresssituation sein, die dem potenziellen Mitarbeiter im Laufe seines Arbeitslebens begegnen wird. Wer bereits beim ersten Vorstellungsgespräch keine Nerven zeigt, so werden die Personalverantwortlichen folgern, wird auch andere Druck- und Stresssituationen im Zusammenhang mit der ausgeschriebenen Position nicht souverän meistern können. Darum sollten Sie als Bewerber am entscheidenden Tag unbedingt dafür sorgen, dass Sie ausgeglichen zum vereinbarten Termin erscheinen.

Innerlich vorbereiten

Je besser vorbereitet, desto gelassener ins Vorstellungsgespräch.

Auch nervöse und ängstliche Zeitgenossen können einiges tun, um am entscheidenden Tag des Vorstellungsgesprächs die Ruhe zu bewahren. Wer erst ein paar Stunden vor dem Termin anfängt, sich Gedanken zu machen, welche Unterlagen er mitnehmen muss und was er anzieht, riskiert, unter Druck zu geraten und abgehetzt im Wunschunternehmen anzukommen.

Frühzeitig beginnen

Eine fundierte inhaltliche und organisatorische Vorbereitung ist die Grundlage für eine stabile mentale und psychische Verfassung am Vorstellungstag. Sie sollte mit dem Tag beginnen, an dem der Bewerber sich generell entscheidet, sich bei verschiedenen Unternehmen zu bewerben. Im Grunde kann er bereits ab diesem Zeitpunkt alle Schritte eines erfolgreichen Vorstellungsgesprächs vorbereiten, die noch nicht mit einer spezifischen Position und einem bestimmten Unternehmen verbunden sind, angefangen bei einer allgemeinen fundierten beruflichen Stärken-Schwächen-Analyse über typische Fragen im Vorstellungsgespräch bis hin zur Überlegung, wie Brüche im Lebenslauf glaubhaft begründet werden können. Auch in Rollenspielen kann der Bewerber das Interview bereits allgemein trainieren, bevor überhaupt das erste Einladungsschreiben eintrifft.

Verleihen Sie Ihrer Vorbereitung den letzten Schliff.

Flattert eine Einladung ins Haus, befasst sich der Bewerber nun mit den Detailfragen, die sich mit der ganz speziellen Position befassen. Jetzt heißt es für Sie, Ihre Argumentation für das Vorstellungsgespräch noch einmal spezifisch im Sinne der beschriebenen Qualifikationen und Aufgaben durchzuspielen, eine aktuelle und detaillierte Recherche bezüglich des Unternehmens durchzuführen, das zum Gespräch eingeladen hat, und die Anreise zu planen. Nicht selten werden Bewerber so kurzfristig zum Jobinterview gebeten, dass nur noch wenig Zeit für die Vorbereitung bleibt. Dann ist jeder Bewerber froh, wenn er die Hauptarbeit bereits geleistet hat.

Wer sich gut vorbereitet hat, braucht sich keine Sorgen zu machen.

Allein das Gefühl, alles getan zu haben, um in der letzten Bewerbungsrunde gut abzuschneiden, gibt Ihnen als Bewerber ein zufriedenes Gefühl und trägt zur inneren Ruhe bei. Denn wer behaupten kann, schon bei der Vorbereitung sein Bestes gegeben zu haben, muss sich – auch im Falle einer Niederlage – nicht mit Selbstvorwürfen à la »Hätte ich doch ...« quälen.

Absagen ins Kalkül ziehen

Die folgende Einstellung beruhigt: Misserfolge sind eine Chance zu lernen.

Auch die grundsätzliche innere Einstellung eines Bewerbers, mit Niederlagen umzugehen, trägt dazu bei, ob er am Tag des Vorstellungsgesprächs gelassen oder aufgeregt ist. Wenn Sie jeden Misserfolg im Leben zum Anlass nehmen, Ihre gesamte Person infrage zu stellen, brauchen Sie viel zu lange, um sich davon wieder zu erholen. Mit jeder Prüfungssituation steigt die Angst umso mehr, weil Sie ja aus Erfahrung wissen, wie viel Kraft Sie aufbringen müssen, um das Tal der Tränen zu durchqueren, oder wie schnell Sie aus dem inneren Gleichgewicht geraten, falls Sie eine Niederlage einstecken müssen. Viel sportlicher, gesünder und letztendlich erfolgreicher ist die Einstellung: »Misserfolge gehören zum Leben und sind eine Lernaufgabe für mich. Ich versuche es so lange immer wieder, bis ich mein Ziel erreicht habe, und lasse mich von Niederlagen nicht unterkriegen.«

Angst lässt Probleme noch größer erscheinen.

Für Bewerber, denen gekündigt wurde, die kurz vor der Entlassung stehen oder bereits längere Zeit arbeitslos sind, mag dieser Rat höhnisch klingen. Bei vielen geht es um die Existenz: Die Raten für das Haus müssen weiter gezahlt, die Familie muss ernährt werden. Wie soll alles weitergehen, wenn sich die Suche nach einem neuen Job länger hinzieht? All das sind Gründe genug, um nervös zu sein, wenn es im Vorstellungsgespräch um so viel mehr geht als nur darum, sich möglichst gut zu verkaufen, um seine Karriere voranzutreiben. Angst funktioniert oft wie eine Lupe, die das Betrachtete unendlich vergrößert. Die Gedanken kreisen immer wieder um dieselben Katastrophenszenarien, und die Stimmungslage richtet sich an diesen negativen Gedanken aus.

Ein detaillierter Lebensplan gibt Sicherheit.

Wenn Sie in einer solchen Lage stecken, ist es hilfreich, sich auf alle Eventualitäten gedanklich vorzubereiten, sich zeitig mit der eigenen Existenzangst auseinanderzusetzen – allein, gemeinsam mit dem Partner oder mit der ganzen Familie. Es gilt, mit spitzem Bleistift einen Zeitplan mit den jeweiligen dazugehörenden Handlungsschritten aufzustellen.

Die Lebenssituation realistisch einschätzen

Beantworten Sie dabei zum Beispiel folgende Fragen:

- Bis wann reichen die finanziellen Mittel, um den momentanen Lebensstandard aufrechtzuerhalten (Arbeitslosengeld, eventuell Abfindung, Ersparnisse usw.)?
- Bin ich bereit, vorübergehend auch eine geringer qualifizierte Arbeit anzunehmen, um den Einkommensverlust zum Teil abzufangen? Wie lange reichen dann die

übrigen Geldmittel, um meinen Lebensstandard aufrechtzuerhalten?
- Kann oder will ich einen Kredit aufnehmen, wenn das Geld zur Neige geht, und bis wann muss ich den Kredit beantragen?
- Ab wann muss ich aktiv werden (Verkaufszeit für das Haus bzw. Wohnungssuche einplanen), um mich wohnlich zu verändern, falls kein neuer Job in Aussicht ist und das Geld knapp wird?

Blicken Sie Ihrer schlimmsten Angst ins Auge.

Ein derartiger Notfallplan, z. B. für die nächsten zwei Jahre, führt Ihnen die Schritte vor Augen, die Sie unternehmen müssen, um einer Krise, die meist einer diffusen Angst vor dem existenziellen Nichts entspringt, entgegenzusteuern. Auch wenn die jeweiligen Schritte schmerzhaft sind, so zeigen sie doch Abschnitte, die den Abstieg bis hin zum schlimmsten Fall bremsen und zeitlich verzögern. Für jeden ist der schlimmste Fall ein anderer. Je weniger man jedoch bereit ist, ihm ins Auge zu blicken, umso bedrohlicher wird er. Paradoxerweise verliert er seinen Schrecken, wenn man sich damit auseinandergesetzt hat und zu der Einsicht kommt, dass es immer wieder Chancen und Möglichkeiten gibt. Jetzt wird die Energie nicht mehr von der Angst aufgezehrt, sondern ist frei, um sich mit aller Kraft dafür einzusetzen, dass der schlimmste Fall erst gar nicht eintritt. Mit dieser Einstellung begeben Sie sich als Bewerber wesentlich ruhiger in die Prüfungssituation eines Vorstellungsgesprächs.

Entspannungsmethoden

Beruhigen Sie sich mit Entspannungsübungen.

Neben diesen grundsätzlichen vorbereitenden Maßnahmen gibt es noch einige Übungen mit Sofortwirkung, die Sie als Bewerber am Tag des Vorstellungsgesprächs einsetzen können, um ruhiger zu werden.
Entspannungsmethoden können Sie sehr gut auf dem Weg zum Vorstellungsgespräch im Zug oder Flugzeug anwenden. Bis auf das autogene Training eignen sie sich aber auch für die Entspannung kurz vor dem Gespräch, zum Beispiel, wenn Sie im Unternehmen noch warten

müssen. Anstatt alle möglichen Fragen noch einmal im Kopf zu wälzen oder sich gar auszumalen, was alles passieren könnte, konzentrieren Sie sich in diesen Momenten besser auf den eigenen Körper.

Wenden Sie diese Methoden nur an, wenn bei Ihnen keine psychische oder physische Erkrankung diagnostiziert wurde, die dem entgegensteht.

Autogenes Training
Nehmen Sie eine bequeme Sitzstellung ein. Ihre Beine lassen Sie angewinkelt und parallel nebeneinanderstehen. Ihre Füße berühren den Boden. Ihre Arme legen Sie auf den Oberschenkeln oder Armlehnen ab. Schließen Sie Ihre Augen und richten Sie Ihre Aufmerksamkeit auf die Atmung. Konzentrieren Sie sich dabei auf folgende Atemformel: *Die Atmung ist ruhig – und regelmäßig*. Sagen Sie sich diesen Satz ganz langsam und ruhig innerlich 5- bis 7-mal immer wieder vor. Genießen Sie die einsetzende Entspannung, die sich mit jedem Atemzug immer mehr vertiefen kann, ohne dass Sie Ihre Atmung dabei aktiv zu beeinflussen brauchen. Konzentrieren Sie sich dann auf folgende Ruheformel: *Ich bin ganz ruhig – Ruhe*. Sagen Sie sich diesen Satz innerlich wieder 5- bis 7-mal vor.
Wenn die Entspannung eingesetzt hat, aktivieren Sie sich wieder! Dehnen und strecken Sie Ihre Arme und Beine, atmen Sie tief durch und öffnen Sie die Augen wieder! Insgesamt brauchen Sie für diese Übung nur wenige Minuten, sind aber gleich wieder fit und konzentriert.

Progressive Muskelentspannung
Das Prinzip der Progressiven Muskelentspannung ist einfach. Verschiedene Muskelpartien werden nacheinander angespannt und nach kurzer Zeit wieder losgelassen. Machen Sie erst mit der linken Hand eine Faust – dann wieder öffnen, spannen Sie jetzt den linken Arm an – wieder loslassen, ziehen Sie anschließend die linke Schulter nach oben – wieder sinken lassen. Ziehen Sie nun die Stirnmuskulatur nach oben – loslassen, kneifen Sie die Augen zusammen – wieder entspannen usw. Diese Anspannungs-Entspannungs-Übungen können Sie nacheinander mit möglichst vielen Muskelgruppen machen. Dadurch werden Entspannungssignale ans Gehirn gesendet.

Zur Beruhigung
Legen Sie den rechten und den linken Daumen aneinander. Bilden Sie mit den restlichen Fingern Fäuste, sodass sich die Knöchel berühren. Halten Sie die Arme angewinkelt. Die Hände befinden sich auf Magenhöhe. Atmen Sie langsam durch die Nase tief ein und aus.
Zur Steigerung der Konzentration: Führen Sie beim Einatmen gleichzeitig mit jeder Hand die Fingerspitze des Daumens nacheinander mit den Fingerspitzen der restlichen Finger mit leichtem Druck zusammen. Beginnen Sie mit dem Zeigefinger. Strecken Sie Ihre Finger beim Ausatmen wieder.

Gegen Angst
Schütteln Sie beide Hände ca. 20-mal nach unten aus. Lassen Sie die Hände dann ruhig hängen, und konzentrieren Sie sich ganz auf das Pulsieren und Kribbeln in Ihren Händen. So lenken Sie Ihre Aufmerksamkeit sehr effektiv von Ihrer Angst ab. Je mehr Sie es schaffen, sich auf Ihre Hände zu konzentrieren, desto weniger können Sie sich gleichzeitig auch auf Ihre Angst konzentrieren.
Bei zitternder Stimme: Spannen Sie im Sitzen Ihre Bauchmuskeln kurz an und pressen Sie die Ellbogen an den Körper. Atmen Sie bei leicht geöffnetem Mund mit leisem »ssss« aus.

Personaler haben Verständnis dafür, wenn Sie nervös sind.

Im Allgemeinen wird es kaum einen Bewerber geben, der vollkommen gelassen in ein Vorstellungsgespräch geht. Eine gewisse Nervosität und Unsicherheit sind ganz normal. Das akzeptiert auch jeder Personalverantwortliche, ohne dies gleich als Charakterschwäche zu werten. Im Übrigen sind auch Unternehmensvertreter keine gefühllosen Auswahlmaschinen, sondern ganz normale Menschen wie jeder andere auch. Daran sollten sich Bewerber immer wieder erinnern.
Nimmt die Nervosität auch während des Gesprächs nicht ab, hilft häufig auch die Flucht nach vorne, um wieder etwas ruhiger zu werden. Sprechen Sie als Bewerber Ihre Nervosität dann am besten direkt an und würzen Sie Ihre Worte mit einem Lächeln: »Tut mir leid, aber ich bin heute

wirklich sehr nervös. Das kommt sicher daher, dass mir die von Ihnen beschriebene Aufgabe so besonders gut gefällt.«

Stressfrei ankommen mit dem richtigen Zeitmanagement

Voraussetzung für den Erfolg ist, dass der Bewerber einigermaßen ruhig, stressfrei und pünktlich zu seinem Vorstellungsgespräch erscheint. Wer es nicht einmal schafft, zum Vorstellungsgespräch pünktlich zu kommen, wird es auch im Job nicht so genau mit der Zeit nehmen. Das ist die Schlussfolgerung der Unternehmensvertreter, die diesen Fehler des Bewerbers gleich mit einem dicken Minuspunkt vermerken werden.

Für optimale Bedingungen sorgen

Sorgen Sie für ausreichend Schlaf.

Gehen Sie also am Abend vor dem Vorstellungstermin zeitig zu Bett und stehen Sie am Morgen früh auf. Dann bleibt Ihnen genügend Zeit für eine besonders sorgfältige Morgentoilette und ein entspanntes Frühstück, bevor Sie sich dann in Ruhe auf die Fahrt oder Anreise begeben.

Planen Sie Unvorhergesehenes ein.

Doch jeder kennt die verflixte Situation, wenn vor einem wichtigen Termin plötzlich unvorhergesehene Dinge passieren: Das Einladungsschreiben mit der Adresse ist plötzlich nicht zu finden, der Weg stellt sich als länger heraus als ursprünglich angenommen, das Umleitungsschild stand im vergangenen Monat noch nicht an dieser Stelle, der nicht eingeplante Stau stellt die pünktliche Ankunft infrage usw.

Die Anreise

Deshalb lohnt es sich in jedem Fall, die Anreise zu dem Ort, an dem das Vorstellungsgespräch stattfinden soll, genau vorzubereiten, und zwar schon so früh wie möglich – also Tage vor dem eigentlichen Termin! Hilfsmittel, die den schnellsten Weg zum Ziel beschreiben, gibt es genug, angefangen bei der Landkarte über den Stadtplan über diverse Routenplaner im Internet bis hin zum Navigationssystem im Auto.

Findet das Gespräch in der Nähe Ihres Wohnortes statt, stellt die Anreise kein großes Problem dar. Trotzdem ist es empfehlenswert, dass Sie den Standort des Unternehmens schon einmal vorab aufsuchen, um den ungefähren Zeitbedarf für die Anfahrt abzuschätzen. Wie lange sind die Fahrtzeiten von Bahn und Bus? In welchem Zeittakt fahren die öffentlichen Verkehrsmittel am betreffenden Tag? Bei der Anreise mit dem Auto: Wo gibt es Staurisiken?

Machen Sie sich mit dem Firmengelände vertraut.

Wenn der Bewerber das Unternehmen erreicht hat: In welchem Gebäude findet das Gespräch statt? Wie viel Zeit braucht er eventuell noch, um über das Firmengelände zu gehen? Gibt es Sicherheitskontrollen, die zusätzlich Zeit rauben? Diese Fragen sollten Sie als Bewerber vor allem dann klären, z. B. im Sekretariat des Gesprächspartners, wenn Sie den Standort vorher nicht aufsuchen können, weil er zu weit entfernt liegt. Je nachdem, mit wie vielen Unwägbarkeiten bei der Anreise zu rechnen und wie weit das Ziel entfernt ist, sollten Sie einen entsprechend großen Zeitpuffer einplanen und die Abfahrt zeitig genug vorsehen.

Planen Sie ausreichend Zeitpuffer ein.

Bei einer weiten Anreise per Auto, Bahn oder sogar Flugzeug oder wenn der Termin sehr früh am Tag liegt, ist es sogar zu überlegen, einen Tag früher anzureisen und eine Nacht im Hotel zu verbringen. Bei der Anfahrt mit Bahn oder Flugzeug müssen Sie im Vorfeld zusätzlich überprüfen, mit welchem Verkehrsmittel Sie vom Zielbahnhof oder -flughafen weiter zum Unternehmensstandort kommen und wie viel Zeit Sie für diese Fahrt benötigen. Zu bedenken ist auch, dass an Bahnhöfen von kleineren Ortschaften häufig kein Taxi oder Bus bereitsteht. Das kann unter Umständen einen längeren Fußmarsch nötig machen. Falls Sie das nicht möchten, kalkulieren Sie genügend Zeit ein, um ein Taxi herbeizurufen.

Generell ist es zu empfehlen, einen früheren Flug oder Zug zu wählen – dann haben Sie ausreichend Zeit für Unvorhergesehenes. Und auch bei einer weiten Anreise mit dem Auto planen Sie die Abfahrt von zu Hause besser zwei Stunden früher. So gehen Sie kein Risiko ein – die verbleibende Zeit verbringen Sie dann lieber in einem Restaurant oder Café vor Ort. Aber Vorsicht: Verrauchte Kneipen und Imbissstuben, die nach abgestandenem Fett riechen, sollten Sie besser meiden. Sonst nimmt Ihre Kleidung womöglich den Geruch der Umgebung an, und ein nach Rauch und Fett riechendes Outfit macht gleich einen schlechten Eindruck bei den Personalentscheidern.

Pünktlichkeit

Pünktlichkeit ist ein Muss bei jedem Vorstellungsgespräch.

Pünktlichkeit ist eine der grundlegenden Höflichkeitsregeln sowohl im Berufs- als auch im Privatleben. Wer den anderen warten lässt, signalisiert ihm damit, dass er für ihn nicht wichtig ist. Nicht weniger unhöflich ist es, wenn man viel zu früh zum vereinbarten Termin erscheint und den anderen bei Tätigkeiten stört, die er noch vor dem Termin erledigen wollte. Erscheint der Bewerber fünf Minuten zu früh zum Vorstellungstermin, ist das gerade noch im Toleranzbereich. Wenn Sie noch zeitiger da sind, sollten Sie lieber noch einmal eine Runde um den Block drehen. Aber jede Minute nach der vereinbarten Uhrzeit ist ein dicker Minuspunkt. Da hilft es auch nichts, dem Taxifahrer oder der Bahn die Schuld zu geben.

Benachrichtigen Sie Ihre Gesprächspartner, wenn Sie sich verspäten.

Trotzdem kann es vorkommen, dass sich auch bei guter Planung und ohne Verschulden des Bewerbers Verzögerungen bei der Anreise ergeben: ein unvorhergesehener Stau, eine Autopanne oder Ähnliches. In so einem Fall ist es wichtig, dass Sie den oder die Ansprechpartner so früh wie möglich benachrichtigen. Speichern Sie zu diesem Zweck sowohl den Namen des zuständigen Ansprechpartners als auch die Telefonnummer am besten direkt in Ihr Handy. So können Sie rechtzeitig Bescheid geben, wenn trotz aller Vorkehrungen doch etwas Unvorhergesehenes dazwischenkommt.

Die größte innere Sicherheit für sein Zeitmanagement am Vorstellungstag erlangen Sie als Bewerber, wenn Sie das betreffende Unternehmen tatsächlich schon einmal vor dem Vorstellungstermin aufsuchen. Damit ist Ihnen die Fahrtroute bereits bekannt, Sie können sich mit den Gegebenheiten vor Ort vertraut machen und sich erkundigen, wo Sie die restliche Wartezeit vor dem Termin möglichst entspannt und angenehm verbringen können. Das ist natürlich nur möglich, wenn der Unternehmensstandort nicht zu weit von Ihrem Wohnort entfernt liegt.

Ein gepflegtes Erscheinungsbild gibt Sicherheit

Kleider machen Leute und geben Sicherheit.

Dass man sich am Vorstellungstag ausgiebig Zeit nimmt für eine besonders sorgfältige Morgentoilette, ist eine Selbstverständlichkeit. Doch auch in Sachen Erscheinungsbild heißt es, bereits Tage vor dem eigentlichen Termin Vorbereitungen zu treffen. Der Grund: Wer als Bewerber sichergehen kann, dass er das passende Outfit gewählt hat, und weiß, dass er einen gepflegten und stilsicheren Eindruck macht, fühlt sich gleich viel ruhiger und selbstbewusster. Und dieses Selbstbewusstsein können die Gesprächspartner sehen und spüren.

Angemessene Kleidung und gepflegtes Äußeres

Klären Sie dazu folgende Fragen:

- Welches Outfit wähle ich für das Vorstellungsgespräch?
- Sind das Outfit und alle dazugehörigen Accessoires (Tücher, Krawatten, Strümpfe) in einem sauberen und ordentlich gebügelten Zustand? Muss etwas neu gekauft oder gereinigt werden?
- Sind die Schuhe geputzt, die Absätze und Schuhspitzen nicht abgelaufen? Oder müssen sie noch zum Schuster gebracht werden?
- Wie sitzt die Frisur? Sind die Haare ordentlich geschnitten? Ist (bei einem männlichen Bewerber) der Nacken ordentlich ausrasiert?
- Sind die Fingernägel und Hände gepflegt?

Das Erscheinungsbild bestimmt den Eindruck, den die Personalentscheider von Ihnen gewinnen, maßgeblich mit.

Das Erscheinungsbild gehört zur Wirkung der Persönlichkeit und hat auch später Einfluss auf die weiteren Karriereschritte. Welches Outfit für das Vorstellungsgespräch angemessen ist, hängt von der ausgeschriebenen Position und vom Unternehmen ab. Von einem Bewerber, der sich als Facharbeiter bei einem Bauunternehmen bewirbt, wird kein eleganter Businessanzug erwartet, wohl aber ein ordentliches Hemd, eine passende Hose und ein fester, sauberer Halbschuh. Hier sind Jackett und Krawatte keine Pflicht. Bewirbt sich ein Kandidat dagegen bei einer Bank oder Versicherung, kann er davon ausgehen, dass konservative Businesskleidung erwartet wird. In Unternehmen der kreativen Branche dagegen, wie Werbeagenturen oder Modefirmen, wird ein dezenter Anzug oder ein schlichtes Kostüm vielleicht eher mit mangelnder Kreativität assoziiert. Hier ist ein kreatives, aber geschmackvolles Outfit erwünscht, das sich vom grauen Einerlei im übrigen Business abhebt. Wer bereits in der betreffenden Branche tätig war, wird ungefähr wissen, was für ein Kleidungsstil hier üblich ist, und kann sich darauf einstellen.

Am Vorstellungstag wählen Sie die Garderobe lieber etwas eleganter als zu lässig.

Faustregeln für die Kleidung:
Der Kandidat sollte sich so kleiden, wie er glaubt, dass er das Unternehmen nach außen hin am besten repräsentieren könnte – seriös, modern und gepflegt. Ist ein Bewerber sehr unsicher, welche Kleidung angemessen ist, greift er auf schlichte Businessgarderobe zurück. Damit kann er nichts falsch machen. Für Handwerker, Fahrer und Facharbeiter muss es nicht unbedingt ein Anzug sein; hier sind auch Baumwollhosen (keine Jeans!), ein sauberer Halbschuh und ein passendes Hemd angemessen. Ungeeignet aber sind Hemden mit kurzem Arm.

Das passende Business-Outfit für männliche Bewerber

Vorn am Fußrist soll das Hosenbein einen leichten Knick machen.

- Der **Businessanzug** wird in den Farben Grau, Dunkelgrau, Dunkelblau oder auch Dunkelbraun gewählt. Diese Farben vermitteln Seriosität, Verlässlichkeit, Stärke, Autorität und Kompetenz. Wichtig ist, dass er gut passt. Ist er zu eng, wirkt er billig. Ist er zu weit, sieht er aus wie vom größeren Bruder ausgeliehen. Die Hose muss in der Länge richtig sitzen. Das Hosenbein verdeckt dabei gerade die Schnürsenkel der Schuhe, der Saum fällt zum Absatz hin leicht ab bis zur oberen Kante des Schuhabsatzes. Das Sakko sollte nicht zu kurz und nicht zu lang sein. Wenn man die Arme hängen lässt, sollte der Saum des Sakkos etwa auf Höhe der Handknöchel abschließen. Auch die Sakkoärmel müssen die richtige Länge haben. Die Manschette des Hemds muss einen guten Zentimeter herausschauen. Beim Knöpfen des Sakkos gilt folgende Faustregel: Hat das Sakko drei Knöpfe, wird der mittlere geschlossen, bei vier Knöpfen die mittleren beiden oder man lässt nur den untersten offen. Bei einem dreiteiligen Anzug mit Weste bleibt der unterste Westenknopf immer geöffnet.

Der Hemdkragen muss genau passen.

- Das passende **Hemd** zum Anzug ist entweder weiß, blau oder pastellfarben. Die Farbtöne lockern die strenge Wirkung des Businessanzugs etwas auf. Weiß wirkt eher hart. Die Ärmellänge reicht bis zum Daumenansatz. Weil man im Vorstellungsgespräch allein aus Aufregung ins Schwitzen kommt, sollte das Hemd unbedingt aus Naturfasern bestehen. Hemden aus Chemiefasern saugen Hautfeuchtigkeit nicht auf, was schneller zur Geruchs- und Fleckenbildung führt.
  Es darf nicht mehr als ein Finger zwischen Hemdkragen und Hals passen, und der oberste Knopf muss geschlossen sein. Farbige Hemden mit weißem Kragen sind out. Kurzärmelige Hemden sind – auch im Sommer – tabu, ebenso karierte Hemden. Hemden mit Streifen sind mit Vorsicht zu genießen, weil nicht jedes gestreifte Hemd zum Businessanzug passt und zudem die Kombination mit der Krawatte schwierig wird. Abgewetzte Ärmel oder Kragen sind undenkbar.
- Die passende **Krawatte** ist ein schwieriges Thema. Wer nicht geschmackssicher ist, wählt am besten eine einfarbige Krawatte, die den Farbton des Hemdes oder des Anzugs aufgreift (eventuell auch ein in sich gemustertes Exemplar). Ein sorgfältiger Krawattenknoten ist

ein Muss – er wird so gebunden, dass die Krawatte in der Länge genau bis zum Gürtel reicht. Der Knoten sollte immer das Kragenband verdecken. Wenn nicht, ist er zu lose gebunden. Nicht erlaubt sind bemalte Seidenkrawatten oder witzige Motive. Faustregel: Von den drei Teilen (Anzug, Hemd, Krawatte) sollten maximal zwei gemustert sein.

- Der **Gürtel** ist aus Leder und hat die gleiche Farbe wie die Schuhe. Die Schließe ist dezent und gold- oder silberfarben.

Hosenträger sind tabu.

- Die **Schuhe** sind ebenfalls aus Leder und schwarz oder braun. Mehrfarbige Schuhe kommen im Business nicht gut an. Wer bei Schmuddelwetter einen Vorstellungstermin hat, sollte ein Tuch dabeihaben, mit dem er, kurz bevor er das Unternehmensgebäude betritt, noch einmal dezent die Schmutzspuren abwischt.
- Die **Socken** müssen farblich zum Anzug und zu den Schuhen passen (z. B. schwarze Socken zum schwarzen Anzug). Tennissocken oder dicke Sportsocken sind tabu, genauso wie starke Musterungen oder auffällige Designer-Embleme auf den Herrensocken. Die Schaftlänge der Socken muss die Behaarung am Männerbein vollständig bedecken, auch bei übergeschlagenem Bein. Besonders elegant sind Kniestrümpfe.
- Im Prinzip sollte eine dezente **Uhr** mit Lederarmband außer dem Ehering der einzige Schmuck eines Mannes sein. Eine Ausnahme ist höchstens noch der Siegelring. Protzige Golduhren, monströse Tauchuhren, beringte Finger oder Gold- bzw. Silberkettchen um den Hals machen eher einen billigen Eindruck.

Rucksäcke und billige Werbetaschen kommen nicht gut an.

- Auch die **Aktentasche** ist aus braunem oder schwarzem Leder und besticht durch ein klassisches Design. Die darin befindlichen Unterlagen fliegen nicht lose herum, sondern sind in Ordnern zusammengeheftet. Die Schreibutensilien sind nicht billige Werbestifte, sondern ein schöner Kugelschreiber und eventuell ein dazu passender Füller. Die Visitenkarten sind in einer dafür vorgesehen Visitenkartentasche aufbewahrt. Das

Handy darf niemals am Hosenbund befestigt sein oder Sakko- bzw. Hosentasche ausbeulen, genauso wenig wie die Geldbörse.

- Ein dezentes **Aftershave** unterstreicht die Gepflegtheit des Bewerbers. Aufdringliche Eau de Toilettes oder sogar Parfüms sollten vermieden werden.

Das perfekte Business-Outfit für Bewerberinnen

Minis und hoch geschlitzte Röcke sind für das Business-Outfit unpassend.

- Das Pendant zum Businessanzug des Mannes ist das **Businesskostüm** oder der **Hosenanzug** für die Frau. Mit dezenten Farben wie Schwarz, Blau, Grau, Braun oder auch Beige liegt die Bewerberin immer richtig. Auch hier dürfen die Hosenbeine nicht zu kurz oder zu lang sein, ebenso wenig wie die Ärmel. Beim Kostüm sollte der Rock das Knie umspielen. Er darf auch länger sein, aber keinesfalls kürzer.
  Bei der Frau gelten jedoch nicht ganz so starre Regeln wie beim Mann. Der Blazer muss z. B. nicht unbedingt geschlossen sein.

Auf Blusen mit auffälligem Muster, Aufdrucken oder Aufschriften verzichten Sie am besten.

- Die passende **Bluse** bzw. das dazugehörige Top ist am besten einfarbig.
  Wer unter der Jacke nur ein Top mit Spaghettiträgern anhat, darf die Jacke während des Gesprächs auf keinen Fall ausziehen. Auch bei der Bluse gilt: lieber Natur- als Chemiefasern, um Schweiß- und Geruchsbildung vorzubeugen.
- Hosen oder Röcke mit Gürtelschlaufen werden auch mit **Gürtel** getragen. Er ist aus Leder, dezent und passt farblich zu den Schuhen. Auf auffällige Gürtelschnallen wird verzichtet. Auch hier wirkt eine schlichte gold- oder silberfarbige Schließe am besten.
- Die **Schuhe** sind aus Leder und geschlossen. Selbst im Sommer werden – streng genommen – im Business weder zehen- noch fersenfreie Schuhe getragen. Schwere Stiefel im Winter sind ebenso wenig geeignet. Bei schlechtem Wetter wählt man elegante Stiefel oder eine Stiefelette. Der Absatz ist flach bis mittelhoch. High Heels haben im Business nichts zu suchen. Bei

Frauen sind zweifarbige Schuhe erlaubt, solange es sich um dezente Farbkombinationen handelt. Die Schuhe sollten immer dunkler als die Kleidung sein oder gleichfarbig, aber nie heller. Bunte und auffällige Schuhe mit ungewöhnlichen Absätzen sind tabu.

Die Beine sind immer bekleidet.

- Auch im Hochsommer trägt die perfekte Businessfrau gut sitzende **Feinstrumpfhosen** und zeigt keine nackten Beine. Zum Hosenanzug können Kniestrümpfe getragen werden. Söckchen oder Socken sind ein No-go. Zum Vorstellungstermin empfiehlt es sich, eine Ersatzstrumpfhose dabeizuhaben, falls noch kurz zuvor eine Laufmasche auftaucht. Strümpfe mit Naht oder auffälliger Musterung sind tabu.
- Ein geschmackvolles **Seidentuch,** das die Farben der Bluse bzw. des Kostüms aufnimmt, ist ein Accessoire, das jede Businessfrau gut kleidet und das gesamte Outfit etwas auflockert.

Für Schmuck gilt: Weniger ist mehr.

- Auch bei der Auswahl des **Schmucks** ist Zurückhaltung geboten. Lieber ein schönes Stück als eine Vielzahl von unterschiedlichen Stilen und Farben. Brillenträgerinnen wählen kleine Ohrringe, um nicht zu sehr vom Gesicht abzulenken. Riesige auffällige Ohrringe sind für das Vorstellungsgespräch nicht geeignet. Wer etwas größere Ohrringe als Blickfang wählen will, verzichtet dafür auf die Kette, damit die schönen Stücke zur Wirkung kommen. Die klassische Schmuckausstattung für die seriöse Businessfrau: Armbanduhr, dezente Ohrringe, dezente Kette (wenn überhaupt) und einen, maximal zwei Ringe neben dem Ehering. Der Schmuck muss im Material aufeinander abgestimmt sein. Piercings werden von sehr vielen Arbeitgebern abgelehnt.

Auch bei Frauen sind Rucksäcke für das Bewerbungsgespräch nicht geeignet.

- Die **Tasche** ist aus Leder und passt farblich zu den Schuhen. Idealerweise ist auch der Aktenkoffer farblich passend. Was Schreibutensilien und Unterlagen anbelangt, gilt dasselbe wie für die Männer.
- Das **Make-up** ist unbedingt dezenz zu halten; zu viel Kajal, Rouge und eine auffällige Lippenstiftfarbe wirken schnell ordinär. Auch knallig lackierte Fingernägel oder

überlange Kunstfingernägel mit verspielten Ornamenten und Glitter kommen je nach Aufgabe und Branche nicht gut an. Die Personalverantwortlichen stellen sich schnell die Frage, ob die langen Nägel auch praktisch für die tägliche Arbeit sind, z. B. an der Computertastatur.

- Ein dezentes **Parfüm** ist erlaubt. Sich mit schweren aufdringlichen Parfüms übermäßig einzusprühen, ist dagegen nicht ratsam. Nicht jeder ist von der Parfümnote, die man persönlich bevorzugt, angetan.
- Schrille **Haarfarben** wie z. B. Pink oder Orange kommen nicht gut an. Das versteht sich von selbst. Wer seine Haare getönt oder gefärbt hat, sollte dies vor dem Vorstellungsgespräch mit Sorgfalt wiederholen. Ist ein andersfarbiger Haaransatz sichtbar, wirkt das ungepflegt. Ansonsten gilt nur: Wer eine auffällige, wallende Haarmähne hat, sollte diese zum Bewerbungsgespräch lieber zurückbinden.

Die Frisur ist eine Frage des Geschmacks, sollte aber nicht zu auffällig sein.

Fazit für die Bewerberin: Wer das richtige Outfit wählen will, hält sich an den Rat des Modeschöpfers Giorgio Armani: »Eleganz heißt nicht, ins Auge zu fallen, sondern im Gedächtnis zu bleiben.«

Das Outfit darf nicht von den Qualifikationen ablenken.

Das heißt: Es geht nicht darum, die Personalverantwortlichen von den schönen Beinen, dem reizvollen Dekolleté oder dem straffen Bauch zu überzeugen, sondern von seinem Können und dem Nutzen, den man dem Unternehmen als Mitarbeiterin bieten kann. Deshalb sind im Bewerbungsgespräch die Schultern – auch im Hochsommer – immer bedeckt. Spaghettiträger und rückenfreie Tops oder solche, die den Bauch hervorblitzen lassen, sind tabu. Der Ansatz des Busens darf nicht zu sehen sein. Die Bewerberin trägt auch keine Stoffe, die Unterwäsche oder Körper durchscheinen lassen. Wer wirklich schöne, schlanke Beine hat, darf den Rock etwas kürzer tragen. Maximum: zwei Fingerbreit über dem Knie.

Gutes Benehmen ist im Berufsleben ein wichtiger Faktor. Je höher man sich auf der Karriereleiter nach oben bewegt, desto mehr. In welchem Maße die Personalverantwortlichen ein Auge auf das stil- und etikettesichere Auftreten des Bewerbers legen, hängt wiederum davon ab, welche Position besetzt werden soll. Bewerber, die das Unternehmen im Kontakt mit Kunden oder Geschäftspartnern nach außen hin repräsentieren, ob am Telefon und/oder persönlich, werden stärker auf gute Manieren getestet als solche, die ihren Beitrag als Mitarbeiter am Fertigungsband in der Produktionshalle leisten.

Auf dem Weg zum Besprechungsraum: Vorstellen und Begrüßen

Die Grundlagen guten Benehmens sollte jeder Bewerber beherrschen. Sie sind die Basis für das höfliche und soziale Miteinander im Team.

Wer sich bei einem größeren Unternehmen vorstellt, wird in aller Regel den ersten Kontakt mit der Mitarbeiterin oder dem Mitarbeiter am Empfang haben. In der Regel ist die Ankunft des Bewerbers hier bereits angekündigt, zumindest gehört das zum professionellen Stil eines Unternehmens.

Sich vorstellen

Am Empfang wendet der Bewerber sich mit einem Lächeln an den Empfangsmitarbeiter, sucht den Blickkontakt und stellt sich selbst vor.

Kein guter Stil ist es, auf den Gruß des anderen zu warten.

In konservativen Branchen wählt der Bewerber den Tagesgruß, nennt dann seinen Namen und weist auf seinen Termin im Unternehmen hin, z. B. so: »Guten Morgen, ich bin Leonie Weber. Ich habe um 11:00 Uhr einen Termin mit Herrn Berger.« In jungen, kreativen Branchen ist auch das lockere »Hallo« erlaubt: »Hallo, ich bin Leonie Weber …« Nun wird der Empfangsmitarbeiter den Kandidaten eventuell telefonisch ankündigen und dann zum Besprechungsraum begleiten oder Ihnen den Weg erklären. In beiden Fällen bedankt der Bewerber sich höflich.

Für Sie als Bewerber gilt folgende Grundregel: Zeigen Sie gegenüber allen Mitarbeitern des Unternehmens Freundlichkeit und Höflichkeit, und bedanken Sie sich lieber einmal zu viel als zu wenig.

Ob ein Handschlag angebracht ist oder nicht, kommt auf die Situation an. Empfangsmitarbeiter arbeiten häufig hinter einer Abgrenzung. In diesem Fall ist kein Handschlag zur Begrüßung üblich.

Die Sekretärin

Begleitet der Empfangsmitarbeiter den Bewerber zum Besprechungsraum, wird er die Führung übernehmen, um den Weg durch das Firmengebäude zu zeigen. Lässt er dem Kandidaten den Vortritt, nimmt dieser das Angebot an. In dieser kurzen Zeit wird sich ein kleiner Small Talk entwickeln über das Wetter oder die Anreise des Bewerbers.

- Vorsicht: Die Begegnung mit Empfangsmitarbeitern und Sekretärinnen nicht unterschätzen. Im Zweifelsfall erkundigt sich der Personalverantwortliche am Empfang, häufiger noch bei seiner Sekretärin, welchen Eindruck der Bewerber dort hinterlassen hat.

Besonders Sekretärinnen werden von ihren Chefs bei der Personalauswahl gerne zurate gezogen.

Behandeln Sie die Sekretärin oder Assistentin deshalb immer genauso höflich und respektvoll wie ihren Vorgesetzten, denn sie ist sein verlängerter Arm. Sie gering zu schätzen bzw. herablassend zu behandeln ist eine Verfehlung, die schon manchen Bewerber den begehrten Job gekostet hat.

Betreten des Fahrstuhls

Benutzen Sie auf dem Weg zum Besprechungsraum einen Fahrstuhl, gilt grundsätzlich folgende Etiketteregel: Der Ranghöhere hat den Vortritt beim Betreten und Aussteigen. In Begleitung des Empfangsmitarbeiters ist der Bewerber der Gast und hat damit Anspruch auf den Vortritt. Warten Sie jedoch höflichkeitshalber kurz ab, ob der Mitarbeiter Ihnen diesen auch gewährt. Wenn Sie gemeinsam mit einem der Interviewer den Fahrstuhl betreten, lassen Sie diesen zuerst einsteigen. Wenn der hierarchisch Höherstehende jedoch zu verstehen gibt, dass er Ihnen als Gast den Vortritt lassen will, nehmen Sie das Angebot an. Der Tagesgruß und ein »Auf Wiedersehen« sind beim Betreten oder Verlassen eines Aufzugs immer angebracht, wenn sich bereits Personen darin befinden. Damit beweisen Sie als Bewerber Aufgeschlossenheit und Höflichkeit gegenüber den Mitarbeitern des Unternehmens.

Das Anklopfen

Wenn Sie ohne Begleitung zum Besprechungsraum gehen und die Tür des entsprechenden Raums geschlossen ist, klopfen Sie an, bevor Sie den Raum betreten. Ertönt – nach kurzem Abwarten – keine Aufforderung zum Eintreten, dürfen Sie die Tür öffnen. Sind Sie dagegen in Begleitung eines Unternehmensvertreters, warten Sie, bis er Ihnen die Tür öffnet.

Die Begrüßung

Grundsätzlich grüßt derjenige zuerst, der einen Raum betritt, und derjenige, der auf eine Gruppe zukommt.

In der Regel begrüßt der Personalverantwortliche, der zum Vorstellungsgespräch eingeladen hat, den Bewerber. Er ist in dieser Situation sozusagen der Gastgeber. Meist betritt der Bewerber in Begleitung des Empfangsmitarbeiters den Besprechungsraum. Dieser übernimmt dann das Bekanntmachen. Geschieht dies nicht, wird sich der Personalverantwortliche selbst vorstellen. Der Bewerber reagiert darauf zum Beispiel so: »Guten Tag, ich bin Leonie Weber. Ich freue mich, Sie kennenzulernen.« Wurde der Kandidat bereits vorgestellt, erübrigt es sich natürlich, dass er seinen Namen noch einmal nennt. Betritt der Bewerber den Raum ohne Begleitung und wird er nicht vorgestellt, ergreift er selbst die Initiative, indem er auf den oder die Unternehmensvertreter zugeht und sich vorstellt.

Etikette und Hierarchie

Im beruflichen Umfeld richten sich die Etiketteregeln generell nach der Hierarchie.

Der Bewerber grüßt grundsätzlich immer den Höchstrangigen zuerst, gleichgültig, ob es ein Mann oder eine Frau ist. Wenn er nicht weiß, welcher Gesprächspartner den höchsten Rang einnimmt, grüßt er den zuerst, der ihm am nächsten steht. In diesem Fall wird es niemand übel nehmen, wenn er der Rangfolge nicht gerecht wird.

Beim Begrüßen aufstehen

Was für Männer schon immer galt, gilt heute auch für Frauen im Berufsleben: Wer sitzt, zum Beispiel im Konferenz- oder Warteraum, steht im Berufsleben zur Begrüßung auf. Wenn Sie beispielsweise bereits am Besprechungstisch sitzen und ein weiterer Unternehmensvertreter betritt den Raum, um am Vorstellungsgespräch teilzunehmen, dann stehen Sie auf.

Namen und akademische Grade

Jeder Mensch hört seinen Namen am liebsten.

Der Kandidat spricht jeden Gesprächspartner mit seinem Namen an. Die Anrede mit dem Namen macht den Kontakt gleich viel persönlicher, und der Angesprochene honoriert dies mit mehr Aufmerksamkeit. Voraussetzung: Der Name ist bereits bekannt oder steht auf dem Namensschild des Mitarbeiters. Achten Sie darauf, dass Sie den Namen richtig aussprechen. Wenn Sie nicht sicher sind, ob Sie den Namen richtig verstanden haben oder korrekt aussprechen können, sprechen Sie ihn lieber nicht aus. Das ist geschickter, als den falschen Namen zu sagen. Den Namen können Sie mehrmals im Gespräch als Anrede wiederholen, allerdings nicht zu oft, damit es nicht aufdringlich wirkt.
Professoren- und Doktortitel in Deutschland sollten immer mit genannt werden. Hat ein Personalverantwortlicher einen solchen akademischen Grad, so wird dieser in Verbindung mit dem Namen genannt, zum Beispiel: »Guten Tag, Herr Dr. Gruber.« Diese korrekte Anrede ist eine selbstverständliche Höflichkeit. Ist der Gesprächspartner Professor, wird er auch als solcher angesprochen, also: »Guten Tag, Herr Professor Gruber.« Der dazugehörige Doktortitel fällt im persönlichen Gespräch weg. Weglassen dürfen Sie die Titel erst, wenn die betreffende Person Sie ausdrücklich dazu auffordert. Titel wie Diplom-Ingenieur oder Diplom-Kaufmann werden im Gespräch nicht genannt.

Zur Begrüßung gehört der obligatorische Handschlag.

Der Handschlag

Streng nach Etikette entscheidet immer der Höherrangige, ob er die Hand reichen möchte oder nicht. Beispiel: Geht der Bewerber auf den Personalchef zu, grüßt er ihn zwar und stellt sich vor, reicht ihm aber nicht die Hand, sondern wartet, bis dieser sie ihm entgegenstreckt. Auf den Handschlag verzichten sollten Sie in Situationen, in denen Sie den anderen dadurch in eine unbequeme Situation bringen, zum Beispiel, wenn jemand beide Hände voll mit Unterlagen oder Taschen hat.

Üben Sie Ihren Händedruck sehr bewusst aus.

Der richtige Händedruck

In den Händedruck wird bei der ersten Begegnung bewusst oder auch unbewusst viel hineininterpretiert. Ein zu schlaffer Händedruck zum Beispiel vermittelt Schüchternheit und Passivität, der Schraubstockgriff dagegen übermäßige Dominanz. Die negativsten Eindrücke hinterlassen Händedrücke, die zu lasch und zu kurz bzw. zu fest und zu lang sind. Ein angenehmer, gut spürbarer Druck sollte es sein, der ungefähr 3 Sekunden dauert und nicht zu leicht, aber auch nicht zu fest ist. Ein solcher Händedruck gilt als sympathisch und selbstbewusst. Wenn Sie bei Aufregung zu nassen Händen neigen, waschen Sie sich die Hände vorher mit einer milden Seife und sorgen mit Entspannungsübungen für innere Ruhe. Wenn Sie befürchten, trotzdem vor Aufregung feuchte Hände zu bekommen, stecken Sie in Ihre rechte Jacken- oder Sakkotasche ein saugfähiges Tuch (das natürlich nicht sichtbar ist). Kurz vor der Begrüßung trocknen Sie sich Ihre Hand in der Tasche möglichst unauffällig ab.

Die richtige Distanz zum Gesprächspartner kann ausschlaggebend dafür sein, wie gut ein Gespräch verläuft.

Die angemessene Distanzzone

Hält ein Bewerber bei der Begrüßung oder im Gespräch zu viel Abstand von seinen Gesprächspartnern, wird er unter Umständen als unsicher oder kontaktscheu eingestuft. Wer seinem Gesprächspartner allerdings zu nahe rückt, wird als aufdringlich und unsensibel betrachtet. Halten Sie deshalb lieber Abstand. Im beruflichen Bereich gilt eine

Distanzzone von einem halben bis zu einem Meter als angenehm. Die Intimzone, die sich unterhalb der 50-Zentimeter-Grenze befindet, ist nur unter Freunden und Verwandten akzeptabel.

Im Besprechungsraum: vom Platznehmen bis zum Aufstehen

Die Garderobe

In der Regel bietet der Mitarbeiter, der den Bewerber zum Besprechungszimmer begleitet, an, sich um seine Garderobe zu kümmern, z. B. so: »Darf ich Ihnen den Mantel / die Jacke abnehmen?« Daraufhin legt der Bewerber seinen Mantel ab und übergibt ihn dem Mitarbeiter des Unternehmens. Dieser wird das Kleidungsstück dann zur nächstgelegenen Garderobe bringen. Ist die Bewerberin eine Frau und schickt sich ein Mitarbeiter des Unternehmens oder auch einer der Interviewpartner an, ihr aus dem Mantel zu helfen, nimmt sie diese kleine Hilfe an und honoriert die Aufmerksamkeit mit einem freundlichen »Vielen Dank«. Dasselbe gilt, wenn ihr nach dem Vorstellungsgespräch wieder in den Mantel geholfen wird. Grundsätzlich ist diese kleine Hilfe im Berufsleben aber keine zwingende Etiketteregel zwischen Mann und Frau. Kümmert sich niemand um Ihren Mantel, dürfen Sie ihn ausziehen, wenn Ihnen ein Stuhl angeboten wurde, um sich hinzusetzen. Am besten legen Sie Ihren Mantel dann auf einen leeren Stuhl daneben, verbunden mit der höflichen Frage: »Darf ich meinen Mantel hier ablegen?«

Die Hand in der Hosentasche

Verbergen Sie Ihre Hände nicht in der Hosen- oder Jackentasche.

Standard in westeuropäischen Ländern ist es, bei Gesprächen die Hände nicht über einen längeren Zeitraum in der Hosen- oder Jackentasche zu verbergen. Abgesehen davon, dass diese Geste grundsätzlich als schlechter Stil gilt, interpretieren sie viele als Ausdruck der Arroganz oder auch der Unsicherheit.

Das Sakko bzw. die Jacke

Behalten Sie Ihre Jacke während des gesamten Vorstellungsgesprächs an.

Gleichgültig, ob Mann oder Frau: Sakko bzw. Kostüm- oder Hosenanzugsjacke dürfen nicht abgelegt werden. Wenn Sie als Bewerber Ihre Jacke anbehalten, beweisen Sie damit, dass Sie die Grundregeln der Business-Etikette beherrschen. Ein einreihiges Sakko darf beim Hinsetzen geöffnet werden. Beim Aufstehen wird der mittlere Knopf jedoch sofort wieder geschlossen, damit das Sakko perfekt sitzt. Das gilt im Prinzip auch für Frauen, wird bei ihnen allerdings weniger konsequent erwartet. Das zweireihige Jackett bleibt auch beim Sitzen geschlossen. Ausnahme: Es ist ein sehr heißer Tag, und die Interviewer legen selbst ihre Sakkos ab bzw. bieten Ihnen an, Ihre Jacke auszuziehen. Wägen Sie ab – je nachdem, wie stark Sie schwitzen –, ob Sie Ihre Jacke ablegen oder eventuelle Schweißflecken besser verbergen. Auf keinen Fall erlaubt: die Krawatte lockern.

Platz nehmen

Setzen Sie sich aus Höflichkeit erst dann hin, wenn alle anderen Unternehmensvertreter Platz genommen haben.

Üblicherweise bieten die Unternehmensvertreter dem Bewerber an, am Besprechungstisch Platz zu nehmen. Auf keinen Fall dürfen Sie sich hinsetzen, ohne aufgefordert zu werden. Bleibt das Angebot zum Hinsetzen aus, warten Sie, bis alle Unternehmensvertreter sitzen, und nehmen dann erst Platz. Achten Sie darauf, sich so hinzusetzen, dass Ihre Kleidung beim längeren Sitzen nicht unnötig knittert. Bewerberinnen, die ein Kostüm tragen, streichen ihren Rock glatt und achten darauf, dass er beim Hinsetzen nicht zu weit nach oben rutscht. Unschön ist, wenn beim Aufstehen ein völlig zerknautschter Rock zum Vorschein kommt.

Das Handy

Lassen Sie das Handy ausgeschaltet.

Das Handy des Bewerbers sollte während des Vorstellungsgesprächs unbedingt ausgeschaltet bleiben. Unerwartete Anrufe, die sich mit lauten Klingeltönen ankündigen, oder eingehende SMS, die das Gespräch mit permanenten Piepstönen unterbrechen, machen einen schlechten Eindruck. Wenn Sie Anrufe entgegennehmen, machen Sie damit deutlich, dass es für Sie noch Wichtigeres gibt als den momentanen Vorstellungstermin. Diese Haltung kommt bei den Interviewern nicht gut an.

Die Bewirtung

Wenn dem Bewerber ein Getränk angeboten wird, nimmt er das Angebot – je nach Bedarf – dankend an oder lehnt es ab. Auf die Frage »Möchten Sie eine Tasse Kaffee oder ein Glas Wasser?« wählen Sie das Getränk, das Ihnen mehr zusagt. Antworten Sie höflich z. B. so: »Im Augenblick nicht, vielen Dank!« Oder: »Ein Glas Wasser bitte! Vielen Dank.« Wasser ist dabei die unverfänglichste Alternative. Zu Kaffee oder Tee werden Zucker und Milch gereicht. Achten Sie hier als Bewerber darauf – wenn Sie das Getränk nicht schwarz zu sich nehmen –, dass Sie keine großen Mengen an Zucker in die Tasse kippen, nicht mit lautem Löffelklang umrühren, sondern dezent und möglichst leise, und dabei nichts verschütten. Der Löffel wird nach dem Umrühren auf der rechten Seite der Untertasse abgelegt. Greifen Sie nie selbst nach der bereitstehenden Kaffee- oder Teekanne, sondern warten Sie, bis Ihnen eingeschenkt wird.

Zurückhaltung zeugt von Benehmen

Serviert der Gastgeber zusätzlich Gebäck oder andere Konferenzsnacks, verzichtet der Bewerber am besten darauf. Zurückhaltung zeugt hier von Benehmen. Im Übrigen darf ohnehin nicht mit vollem Mund gesprochen werden. Am besten geht er das Risiko erst gar nicht ein, gegen diese Etiketteregel zu verstoßen. Absolutes No-go: Der Bewerber äußert ohne Aufforderung einen individuellen Bewirtungswunsch, zum Beispiel: »Haben Sie vielleicht Coca-Cola da?« Eine solche Unhöflichkeit katapultiert jeden sofort ins Abseits.

Grundsätzlich gilt: Die Bewirtung bleibt eine absolute Nebensächlichkeit. Verwenden Sie als Bewerber möglichst wenig Aufmerksamkeit auf die Speisen und Getränke, die Ihnen geboten werden. Ihre gesamte Konzentration richtet sich auf Ihre Gesprächspartner und den Inhalt des Gesprächs. Auch das Angebot, eine Zigarette zu rauchen, lehnen Sie deshalb dankend ab.

Die Sitzhaltung

Stützen Sie auf keinen Fall die Ellbogen auf dem Tisch ab.

Nimmt der Bewerber Platz, setzt er sich auf die gesamte Sitzfläche des Stuhls. Wer sich nur vorne auf die Kante setzt, wirkt unsicher und fluchtbereit. Am vorteilhaftesten ist eine aufmerksame Körperhaltung. Das heißt: Neigen Sie sich leicht nach vorne, wenn Sie an einem Besprechungstisch sitzen, und legen Sie dabei Ihre Unterarme bis maximal zur Mitte auf dem Tisch ab. Die Hände befinden sich immer oberhalb der Tischkante und dürfen hier auch verschränkt werden. Als wenig vorteilhaft gilt es, wenn ein Bewerber den Stuhl zurückschiebt, sich gemütlich zurücklehnt, die Beine übereinanderschlägt und womöglich noch die Arme verschränkt. Diese Sitzhaltung zeugt von Selbstgefälligkeit und wirkt arrogant. Männer achten auch darauf, dass ihre Beinstellung beim Sitzen nicht zu breit ist. Das wirkt unvorteilhaft, dominant und provozierend.
Sitzt der Interviewer hinter seinem Schreibtisch und Sie als Bewerber ihm gegenüber, dürfen Sie auf keinen Fall die Unterarme auf den Schreibtisch Ihres Gegenübers stützen oder gar darauf Notizen anfertigen.

Die Unterlagen

Es erscheint großspurig und unhöflich, wenn Sie Ihre Unterlagen auf dem Besprechungstisch großzügig ausbreiten.

Bringt der Bewerber weitere Unterlagen oder einen Block mit, um sich Notizen zu machen, legt er diese geordnet vor sich auf den Tisch. Vermeiden Sie es unbedingt, die Unterlagen dabei großzügig auszubreiten bzw. zu viele Schriftstücke auf einmal auf den Tisch zu legen.

Beachten Sie beim Small Talk unbedingt die Tabuthemen.

Small Talk

Zu Beginn eines Vorstellungsgesprächs versuchen Personalverantwortliche häufig, die Situation durch einen kurzen Small Talk aufzulockern, um dem Jobkandidaten die Nervosität zu nehmen. Themen sind zum Beispiel die Anreise oder das Wetter. Als Bewerber sollten Sie sich aber darüber im Klaren sein, dass Sie bereits beim Small Talk einer Prüfung unterliegen. Ellenlange Statements, Besserwisserei, Angabe und das Abspulen von Witzen kommen nicht gut an. Beschränken Sie sich am besten auf Themen wie Sehenswürdigkeiten des Ortes / der Region, Sport, Kunst und Kultur und Reisen. Tabuthemen beim Small Talk sind Krankheiten, besonders die eigenen, Geld und persönliche Finanzen, Politik, Religion, persönliche und berufliche Probleme, Schicksalsschläge.

Wichtig: Fallen Sie Ihren Gesprächspartnern nie ins Wort. Lassen Sie sie ausreden und stellen Sie dann Ihre Frage oder antworten Sie.

Das Zuhören

Ob beim Small Talk oder anschließend beim eigentlichen Jobinterview: Der Bewerber hört seinen Gesprächspartnern konzentriert zu und hält dabei Blickkontakt. Auch stille Anwesende übergeht er nicht, sondern wendet ihnen seine Aufmerksamkeit zu und bindet sie so mit in das Gespräch ein. Er signalisiert, dass er die Äußerungen seines Gegenübers aufgenommen hat, indem er zwischendurch nickt oder kurze Bestätigungen einfließen lässt, z. B.: »Ich verstehe«, »Das ist richtig« oder Ähnliches. Wenn es zum Thema passt, zeigt er immer wieder durch ein Lächeln Verbindlichkeit, zum Beispiel bei der Begrüßung oder beim Small Talk. Ein freundlicher Gesichtsausdruck trägt zu einer angenehmen Atmosphäre bei und wird von den Personalverantwortlichen positiv bewertet, auch im Hinblick auf den Kontakt mit Kunden und die Zusammenarbeit mit Kollegen.

Ein Fehlgriff beim Vorstellungsgespräch: Sie überreichen eine Visitenkarte Ihres früheren Arbeitgebers.

Die Visitenkarte

Zum Ende des Jobinterviews hin werden oft Visitenkarten getauscht. Überreicht der Kandidat seine Visitenkarte, sollte die Schrift nach oben und zum Empfänger zeigen.

Umgekehrt nimmt er eine Visitenkarte wie ein kleines Geschenk entgegen: Er bedankt sich, liest die Angaben durch und steckt sie weg, aber auf keinen Fall achtlos. Am besten hält er ein dafür vorgesehenes Visitenkarten-Etui bereit.

Fauxpas übergehen

Andere auf ihre Fehler aufmerksam zu machen, gilt als schlechter Stil.

Auch Unternehmensvertreter verhalten sich nicht immer nach allen Regeln der Business-Etikette. Wie sich die Interviewer dem Bewerber gegenüber benehmen, verrät sehr viel über die Unternehmens- und Führungskultur, die den Kandidaten erwartet. Sollte ein Interviewer unpassende Bemerkungen machen und sich danebenbenehmen, sprechen Sie als Bewerber den Fauxpas lieber nicht an, sondern übergehen die Situation. So beweisen Sie Souveränität. Gleichzeitig drängt sich für Sie die Frage auf, ob Sie sich in dieser Unternehmenskultur als Mitarbeiter wirklich wohlfühlen können.

Rauchen

Vorsicht: Achten Sie darauf, dass Ihre Kleidung nicht stark nach Rauch riecht, wenn Sie zum Jobinterview kommen.

Am besten verzichten Bewerber in der Vorstellungssituation auf das Rauchen, auch wenn sie nervös sind. Wer draußen noch schnell eine Zigarette anzündet und gierig raucht, um sich zu beruhigen, bevor er das Unternehmensgebäude betritt, wird vielleicht schon beobachtet. Es macht keinen guten Eindruck, wenn ein Bewerber so offensichtlich »süchtig« ist. In den meisten Unternehmen ist das Rauchen in den Arbeitsräumen ohnehin verboten. Nicht selten gibt es Konflikte zwischen Nichtrauchern und Rauchern. Die wollen Unternehmen, so gut es geht, vermeiden. Starke Raucher sind deshalb in keinem Unternehmen gerne gesehen.
Selbstverständlich lehnen Sie als Bewerber ab, wenn Ihnen eine Zigarette angeboten wird, und Sie fragen auch nicht während des Vorstellungsgesprächs nach, ob und wo Sie eine Zigarette rauchen können. Fragen, ob in den Unternehmensräumen während der Arbeit geraucht werden dürfe oder ob Raucherpausen abgestempelt werden müssen, katapultieren einen Bewerber ebenso ins Aus. Und:

Nach dem Gespräch – wenn Sie das Unternehmen verlassen – zünden Sie sich besser erst dann eine Zigarette an, wenn Sie außer Sichtweite sind.

Die Verabschiedung

Nicht vergessen: Bei einem geöffneten Sakko werden beim Aufstehen die Knöpfe geschlossen.

Wenn das Gespräch zu Ende ist, bleibt der Bewerber so lange sitzen, bis seine Gesprächspartner aufstehen. Erhebt sich die Person, die hierarchisch am höchsten angesiedelt ist, steht der Kandidat auf jeden Fall auf, auch wenn die anderen noch sitzen bleiben. Und wenn einer der Teilnehmer das Gespräch früher verlässt, steht der Bewerber ebenfalls auf, um sich formgerecht von ihm zu verabschieden.

Eine höfliche und korrekte Verabschiedung rundet den Eindruck im Bewerbungsgespräch ab.

Wichtig: Auch wenn das Gespräch nicht ideal gelaufen ist oder der Bewerber für sich selbst schon entschieden hat, dass er für das Unternehmen nicht tätig sein will: Eine freundliche und höfliche Verabschiedung gehört zum guten Ton.

Ob ein Bewerber gute Arbeit leisten wird, wissen die Entscheider bei der Einstellung nicht.

Fragt man Personalverantwortliche, nach welchen Kriterien sie sich für oder gegen einen Bewerber entscheiden, geben sie an, dass sie beim Einstellungsverfahren eine Reihe von Informationen, Daten und Fakten, ja sogar wissenschaftliche Tests für ihre Entscheidung heranziehen. Schließlich stellen Personalentscheidungen für Unternehmen ein nicht zu unterschätzendes Risiko dar, das möglichst klein gehalten werden soll. Entscheidet sich das Unternehmen für den falschen Bewerber, ist dieser Fehlgriff mit hohen Kosten verbunden: Die gesamte Einarbeitungszeit war umsonst, die Lohnzahlungen sind ins Leere gelaufen, wenn der neue Mitarbeiter nicht wie erwartet gearbeitet hat, die dringend anstehenden Aufgaben wurden nicht oder nicht zufriedenstellend erfüllt, und die Suche nach einem neuen Mitarbeiter kostet wiederum Zeit und Geld.

Der erste Eindruck ist entscheidend

Personalentscheider versuchen, möglichst viele Unsicherheitsfaktoren beim Auswahlprozess auszuschalten.

Doch bei der Einstellungsentscheidung gibt es keine letzte objektive Sicherheit. Das bestätigen alle Entscheider. Es kann passieren, dass alle Fakten für einen Bewerber sprechen, alle Tests darauf hinweisen, dass er genau der Richtige für die zu besetzende Position ist. Und doch entscheiden sich die Personalverantwortlichen dagegen. Warum? Weil entgegen allen objektiven Tatsachen der Bauch »Nein« sagt. Die meisten erfahrenen Personaler geben zu, dass sie in hohem Maße ihrer Intuition folgen, auch wenn sie das Gefühl manchmal nicht begründen können.
Beim Vorstellungsgespräch liegen die meisten objektiven Daten über den Bewerber bereits vor. Zeugnisse, Qualifikationen und Berufserfahrung sind geprüft. Jetzt wollen die Entscheider sich ein Urteil über die Persönlichkeit des Bewerbers machen und prüfen, wie er kommuniziert und argumentiert, ob er authentisch ist, ob die Chemie stimmt und ob sie sich vorstellen können, dass er in die bestehende Unternehmenskultur passt. Dabei ist der erste Ein-

druck, den der Bewerber auf die Personalverantwortlichen macht, sehr oft entscheidend für den weiteren Verlauf der Begegnung und damit auch für den Erfolg des Vorstellungsgesprächs.
Beim ersten Eindruck wird die Informationssuche bereits nach drei bis fünf Sekunden eingestellt – das Urteil über den anderen steht erst einmal fest. Das heißt: Der erste Eindruck vom Bewerber fällt zum Beispiel positiv aus, weil er als authentisch und sympathisch eingeschätzt wird, oder aber er ist negativ, weil die Kleidung unpassend oder das Auftreten zu forsch ist. Was genau diesen negativen Eindruck hervorruft, kann derjenige, der beurteilt, in der Kürze der Zeit meist nicht sagen. Viele Äußerlichkeiten werden in Sekundenschnelle unbewusst aufgenommen und zu einem Gesamtbild verarbeitet.

Als Bewerber werden Sie anhand vieler Faktoren blitzartig vom Entscheider beurteilt.

Entscheidend ist nicht nur das Sachliche

Nach der bekannten Studie des amerikanischen Psychologen Professor Albert Mehrabian ist der Inhalt des Gesagten nur zu sieben Prozent für den ersten Eindruck maßgeblich – die restlichen 93 Prozent entfallen auf die Körpersprache (Körperbau, Bewegungsabläufe, Haltung, Gang, Gestik, Mimik, Distanzverhalten), die Kleidung (Qualität, Stilrichtung, Passform, Farbe), die Sprache (Stimmlage, Klang, Modulation, Lautstärke, Dialekt, Wortwahl) und den Geruch (Parfüm, Körpergeruch).
All das erfassen die Entscheider beim ersten Kontakt innerhalb von Bruchteilen von Sekunden und gleichen es mit ihren Erwartungen ab. Parallel dazu fließen Werte, Erfahrungen, aber auch vorgefertigte Meinungen und Vorurteile in die Bewertung ein und vervollständigen das nun entstandene Bild vom Bewerber.

Ein lascher Händedruck, fehlender Blickkontakt bei der Begrüßung, nachlässige Kleidung: All das kann zu einem negativen ersten Gesamteindruck beitragen.

Zwar wissen viele Personaler, dass sie nicht dem ersten Eindruck erliegen und die Qualifikationen vernachlässigen dürfen. Trotzdem sollte jedem Bewerber bewusst sein, dass der erste Eindruck im Vorstellungsgespräch eine entscheidende Bedeutung haben kann. Fällt der erste Eindruck vom Bewerber positiv aus, ist deshalb aber noch nicht alles gewonnen. Während des gesamten Vorstellungsgesprächs kommt es sehr stark darauf an, wie sich der Kandidat darstellt. Eine Studie der Universität Darmstadt kommt sogar zu dem Ergebnis, dass für die Karriere generell das Auftreten, der äußere Eindruck und eine natürliche Souveränität wichtiger sind als alle Zeugnisse. Das bedeutet aber wiederum nicht, dass die fachliche Qualifikation eines Bewerbers unwichtig ist. Sie bildet die Basis, um überhaupt ins Vorstellungsgespräch zu kommen. Fachkompetenz ist also die Pflicht. Die Kür, das Entscheidende, wer das Rennen in der Vorstellungsrunde macht, ist die Art, wie ein Bewerber sich selbst und sein Können im Jobinterview präsentiert.

Ob Sie die entsprechenden Fachkompetenzen für die ausgeschriebene Stelle besitzen, haben die Entscheider bereits im Vorfeld geprüft.

Die Körpersprache beachten

Die Körpersprache entscheidet in hohem Maße darüber, wie überzeugend Sie wirken.

Die meisten Bewerber achten im Vorstellungsgespräch viel zu wenig auf ihre Körpersprache. Dabei messen Personalverantwortliche den körpersprachlichen Signalen des Kandidaten viel mehr Bedeutung zu als dem, was er sagt. Körperhaltung, Mimik und Gestik werden von den Verantwortlichen zum Teil sehr bewusst interpretiert, zum Teil werden die Signale auch unbewusst aufgenommen und verarbeitet. Auf die leichte Schulter nehmen sollten Bewerber ihre Außenwirkung daher nicht. Im vorbereitenden Rollenspiel können Sie neben einer überzeugenden Argumentation auch eine selbstbewusste Körperhaltung üben.

Den Raum selbstbewusst betreten

Grundsätzlich sollten Räume nicht zögernd betreten, aber auch nicht erstürmt werden.

Zum ersten Eindruck und zur gesamten Selbstpräsentation gehört, wie der Bewerber seinen Gesprächspartnern gegenübertritt bzw. wie er einen Raum betritt. Wenn Sie als Bewerber in einen Raum gehen wollen, in dem sich die Personalverantwortlichen bereits versammelt haben, beachten Sie Folgendes: Nach dem Anklopfen und der Aufforderung zum Eintreten öffnen Sie die Tür, bleiben kurz im Türrahmen stehen, um sich zu orientieren, und gehen

dann zielstrebig und ohne übereilt zu wirken auf die Person oder die Personen, die sich im Raum befinden, zu. In diesem Augenblick ist es besonders wichtig, dass Sie mit offenem Blick und einem Lächeln auf die Entscheider zugehen. Das signalisiert Offenheit und Freundlichkeit und macht sofort sympathisch.
Wer sich dagegen bereits beim Öffnen der Türe halb dahinter versteckt und schüchtern hervorschaut, um festzustellen, ob er erwünscht ist oder sich vielleicht doch in der Tür geirrt hat, muss – je nachdem, für welche Position er sich beworben hat – womöglich bereits Minuspunkte auf seinem Bewertungskonto verbuchen. Ein Mitarbeiter mit Kundenkontakt oder mit Führungsfunktion zum Beispiel darf einen Raum nicht zaghaft und schüchtern betreten, sondern muss selbstbewusst in Erscheinung treten.

Auf die Körperhaltung achten

Wer aufrecht geht, fühlt sich mit der Zeit selbstbewusster.

Während dieser wenigen ersten Sekunden, in denen der Bewerber den Besprechungsraum betritt, werfen die Anwesenden bereits einen intensiven Blick auf den Ankömmling und gewinnen ihren ersten Eindruck, der – wie erwähnt – maßgeblich sein kann. Umso wichtiger ist es, dass Sie als Bewerber auf eine selbstbewusste Körperhaltung achten. Gehen Sie aufrecht, lassen Sie die Schultern nicht nach vorne hängen, sondern ziehen Sie sie eher etwas zurück, und halten Sie den Kopf gerade. Diese kleinen Korrekturen an der Haltung habe eine große Wirkung. Jeder Bewerber kann eine selbstbewusste Körperhaltung zu Hause üben und wird feststellen, dass eine aufrechte Haltung auch positive Auswirkungen auf das persönliche Befinden hat.

So signalisieren Sie Selbstbewusstsein

Wenn Sie Ihren Gesprächspartnern gegenüberstehen:

- Belasten Sie beide Beine. Das gibt Ihnen Stehvermögen und Sicherheit.
- Knicken Sie nicht in der Hüfte ein, sondern stehen Sie aufrecht. Machen Sie sich also nicht klein.
- Stellen Sie die Füße leicht auseinander. Das vermittelt Ihrem Gegenüber den Eindruck, dass Sie einen festen Standpunkt haben.
- Lassen Sie die Schultern nicht nach vorne hängen, sondern ziehen Sie die Schulterblätter nach hinten und unten.
- Halten Sie den Kopf aufrecht.
- Unterstützen Sie Ihre Aussagen durch eine natürliche Gestik.
- Vorsicht: Stützen Sie die Hände nicht ausladend auf den Hüften ab. Diese Körperhaltung demonstriert Macht und Dominanz, nach dem Motto: »Ich brauche mehr Platz, ich fühle mich überlegen.« Diese Geste wirkt sehr negativ beim Bewerber, fast aggressiv.

Vermeiden Sie Körperhaltungen, die Dominanz ausstrahlen. Sie kommen im Bewerbungsgespräch nicht gut an.

Wenn Sie Ihrem Gesprächspartner gegenübersitzen:

- Nehmen Sie die gesamte Sitzfläche des Stuhls ein.
- Stellen Sie die Beine nebeneinander und überkreuzen Sie sie nicht. Mit dieser Sitzhaltung wirken Sie selbstsicher.
- Legen Sie die Füße nicht um die Stuhlbeine. Das zeugt von Unsicherheit und Verkrampfung.
- Wippen Sie nicht mit den Füßen. Das kann sowohl Arroganz als auch Nervosität signalisieren.
- Achten Sie auf eine aufrechte, leicht nach vorn gebeugte und zu Ihrem Gesprächspartner hin offene Sitzposition.
- Sitzen Sie nicht zu breitbeinig. Das wirkt dominant und zeugt von schlechtem Stil.

- Achten Sie darauf, dass Ihre Beine nicht zum Ausgang weisen. Damit signalisieren Sie, dass Sie sich unwohl fühlen und gleich gehen wollen.
- Lehnen Sie sich nicht zurück, und verschränken Sie nicht die Arme. Das wirkt wie eine Barriere, die ein Gespräch behindern kann.

Nehmen Sie im Bewerbungsgespräch keine abweisende Körperhaltung ein.

So lesen Sie die Körpersprache

Die folgenden Signale können klar als Rückzug oder Ablehnung gedeutet werden:

Im Sitzen:

- Die Fußspitzen weisen weg vom Bewerber: Der Personaler schiebt ein Argument oder ein Angebot zur Seite.
- Ein steifer Oberkörper: Anspannung und beginnende Ablehnung.
- Mit dem Oberkörper zurückweichen: Ich bin damit nicht einverstanden.
- Mehrmaliges Zurückwerfen des Kopfes: Ablehnung.
- Die Füße unter dem Stuhl zurücknehmen: sich distanzieren.
- Arme vor der Brust verschränken: Abweisung.

Ein plötzliches Zurückweichen des Gesprächspartners bedeutet in den meisten Fällen Ablehnung.

Im Stehen:

- Einen Schritt zurücktreten: Distanz zwischen sich und den Bewerber bringen, Ablehnung.
- Blick über die Schulter, der Oberkörper wird dem Bewerber nicht voll zugewendet: Ablehnung.
- Eine Barriere aufbauen, zum Beispiel hinter den Schreibtisch oder Besprechungstisch treten: Distanz herstellen.

Als Sympathie und Zustimmung können Sie folgende Körperhaltung deuten:

- Der Oberkörper des Gesprächspartners ist leicht nach vorne gebeugt: Aufmerksamkeit.
- Der Gesprächspartner wendet dem Bewerber seinen Oberkörper voll zu: Sympathie, Interesse.

Achten Sie beim Interviewer auf die Haltung seines Oberkörpers.

So lesen Sie die Körpersprache (Forts.)

- Das Gegenüber verringert die Distanz, tritt einen Schritt näher: Sympathie.
- Die Fußspitzen weisen zum Bewerber hin: Zustimmung.
- Die Armhaltung ist offen, die Hände gestikulieren oberhalb der Gürtellinie: positive Einstellung, Sympathie.
- Interviewer und Bewerber gleichen gegenseitig ihre Körperhaltung immer wieder an, das heißt, sie spiegeln sich: Zustimmung, Sympathie.

Selbstbewusste Körperhaltung für Frauen

Vermeiden Sie in Ihrer Haltung typisch weibliche Signale.

Die meisten Männer haben von Natur aus eine selbstbewusstere Körperhaltung als Frauen. Deshalb an dieser Stelle ein paar wichtige Tipps zur Haltung für Bewerberinnen. Typisch weibliche Körperhaltungen sind:

- übereinandergeschlagene Beine,
- verschränkte Arme,
- eingeknickte Hüfte,
- den Kopf schief halten,
- die Hände verbergen.

Die Körperhaltung muss selbstbewusst und präsent wirken.

Das alles sind Schutzhaltungen, die Unsicherheit ausdrücken und unbewusst den Beschützerinstinkt beim Gegenüber mobilisieren sollen. Im Jobinterview wirken diese Signale eher negativ. Denn hier wollen Frauen signalisieren, dass sie die ausgeschriebene Position, sowohl was ihre Qualifikation als auch was ihre Persönlichkeit anbelangt, sehr gut ausfüllen können. Um dies zu untermauern, müssen Bewerberinnen allein schon durch ihre Körperhaltung mehr Raum gewinnen und damit Selbstbewusstsein vermitteln.

Wichtig ist deshalb, dass Bewerberinnen ihren Sitzplatz am Besprechungstisch selbstbewusst und selbstsicher einnehmen und die Beine im Sitzen nebeneinanderstellen. Damit »erden« sie sich. Dasselbe gilt für Gespräche im Stehen. Das Körpergewicht muss gleichmäßig auf beide Beine verteilt werden, ohne in der Hüfte einzuknicken. Damit bleiben auch ganz automatisch Wirbelsäule und Kopf gerade. Aber Vorsicht: Wie die männlichen sollten auch weibliche Bewerber weder breitbeinig sitzen noch stehen. Das gilt auch im Hosenanzug als schlechter Stil.

Die Gestik

Ihre Hände sagen möglicherweise mehr über Sie aus als Ihre Worte.

Für das Vorstellungsgespräch gilt generell: Der Bewerber gestikuliert natürlich, aber eher sparsam als weit ausladend. Zu raumgreifende Gesten können unruhig und hektisch wirken und bei den Personalverantwortlichen den Eindruck erwecken, der Bewerber sei zu extrovertiert und neige zur Selbstdarstellung. Diese Eigenschaften sprechen jedoch gegen die Teamfähigkeit.
Fazit: Positive Aussagen sollte der Bewerber immer auch durch positive – öffnende und harmonische – Gesten verstärken.

Mit diesen Gesten signalisieren Sie Interesse, Sympathie und Selbstbewusstsein

- Im Stehen die Arme einfach locker neben dem Körper hängen lassen. Damit werden dem Gegenüber Offenheit und Sicherheit signalisiert, weil der Oberkörper ungeschützt bleibt. Noch besser: Arme oberhalb der Taille anwinkeln und natürlich gestikulieren. Gesten in Höhe der Taille werden als neutral und oberhalb als positiv gewertet. Oder beide Hände in Höhe der Gürtellinie locker ineinanderlegen. Das Vorteilhafte dabei ist, dass die Hände sofort bereit zur Gestik sind, wenn wir handeln oder etwas mit Gesten verdeutlichen wollen.
- Die Hände immer sichtbar lassen und nicht verstecken. Das lässt Vertrauen entstehen.
- Die Hände nach oben öffnen, das heißt die Handinnenflächen zeigen. Diese Geste wirkt besonders positiv. Sie demonstriert Offenheit und signalisiert, dass wir bereit sind, etwas zu geben, zum Beispiel Leistungsbereitschaft und Engagement. Gleichzeitig unterstreicht sie die Argumentation in sehr positiver Weise.

Nutzen Sie die Geste der offenen Hände so oft wie möglich im Vorstellungsgespräch.

Mit diesen Gesten signalisieren Sie Interesse, Sympathie und Selbstbewusstsein (Forts.)

- Handbewegungen und Armbewegungen, die von unten nach oben verlaufen, wirken ebenfalls besonders positiv und motivierend.
- Die Fingerkuppen einer Hand aneinander pressen. Damit unterstreichen wir eine Aussage.
- Mit den Händen ein Spitzdach nach oben formen. Diese Geste signalisiert zum einen Sicherheit, aber auch Nachdenklichkeit.
- Den kleinen Finger reiben. Diese Bewegung signalisiert Zuwendung und Genuss.
- Sich die Hände reiben. Wenn die Geste nicht zu häufig eingesetzt wird, beweist sie Zufriedenheit, Freude oder Sicherheit. In Zusammenhang mit einem selbstgefälligen Gesichtsausdruck kann sie aber ausdrücken, dass der Betreffende einen (materiellen) Schachzug zum eigenen Vorteil und zum Nachteil des anderen gemacht hat.

Sich die Hände reiben kann unterschiedlich interpretiert werden.

Diese Gesten wirken unangemessen

- Die Arme können zwar im Stehen zwischendurch auch einmal ruhig nach unten hängen. Sobald die Gestik einsetzt, müssen die Hände aber über die Taille gehoben werden. Denn Bewegungen der Hände unterhalb der Gürtellinie signalisieren eine Unsicherheit und/oder innerliche Abwesenheit.
- Schulterzucken mit Zeigen der Handinnenflächen unterhalb der Taille. Diese Geste wird als Entschuldigungsgeste und damit als Hilflosigkeit und Unterwerfung gedeutet. Im Bewerbungsgespräch schließt man aus dieser Geste auf Unsicherheit und Passivität.
- Häufiges Zeigen des Handrückens. Diese schließende Geste wird als verschlossen und damit negativ empfunden.

Generell negativ wirken Bewegungen der Arme unterhalb der Gürtellinie.

»Hand-Hals-Gesten« werden im Jobinterview immer negativ bewertet.

- Eine Hand greift an den Hals oder an den Mund. Zwar werden Handbewegungen oberhalb der Taille grundsätzlich positiv gewertet. Eine Ausnahme bilden jedoch die sogenannten »Hand-Hals-Gesten«. Es sind meist Verlegenheitsgesten, die den Impuls zu einer anderen negativen Geste unterdrücken und umleiten sollen, weil dem Sprechenden in letzter Sekunde bewusst wurde, dass ihn seine Gestik verraten könnte. Stattdessen greift die Hand dann zum Hals.
- Ans Ohrläppchen greifen. Dies wird zuweilen als Bestrafungsgestik gedeutet. Sie zeigt angeblich, dass wir dem anderen eine Aussage übel nehmen.
- Das Kinn streicheln. Diese Handbewegung soll von Selbstgefälligkeit zeugen.

Versteckte Hände – in den Hosentaschen oder hinter dem Rücken – kommen nicht gut an.

- Mit den Händen eine Barriere in Richtung des Gesprächspartners zu formen beweist Unsicherheit und Ablehnung.
- Aneinanderlegen der Zeigefinger bei verschränkten Händen, wobei die Zeigefinger auf das Gegenüber deuten. Diese Geste wird »doppelläufige Pistole« genannt und weist auf Aggression hin.
- Die Hände vor der Brust falten: deutet auf Unsicherheit und Verkrampfung hin.

Spielen Sie nicht mit Gegenständen – das wirkt unkonzentriert und nervös.

- Mit den Fingern trommeln: Unsicherheit und Nervosität.
- Sich an die Nase fassen lässt Unsicherheit, Verwirrung oder Verlegenheit vermuten.
- Die Brille hastig abnehmen deutet Erregung an.
- Die Brille hochschieben: Unsicherheit oder der Versuch, Zeit zu gewinnen.
- Hinter dem Rücken mit der einen Hand das Handgelenk der anderen Hand umfassen: steht für Enttäuschung und Verkrampfung.
- An den Oberarm fassen zeugt von Wut.
- Am Ringfinger reiben: Der Betreffende ist emotional aufgewühlt.

Diese Gesten wirken unangemessen (Forts.)

Die Hand vor den Mund legen bedeutet: Das Gesagte soll zurückgenommen werden.

- Der Zeigefinger vor dem Kinn: Damit wird Handlungsbereitschaft signalisiert.
- Den Finger auf die geschlossenen Lippen legen: Etwas wird zurückgehalten.
- Der Mittelfinger über dem Kinn oder vor dem Mund signalisiert Stolz und Selbstsicherheit. Diese Geste ist im Jobinterview jedoch eher den Personalern vorbehalten. Der Bewerber sollte sie besser vermeiden.

Die Mimik

Ihr Gesichtsausdruck sagt viel darüber aus, was Sie gerade empfinden.

Es gibt Menschen, denen man jede Gefühlregung sofort an der Mimik ansieht.

Zur Körpersprache gehören nicht nur Haltung und Gestik, sondern auch die Mimik, also der Gesichtsausdruck.
Der Gesichtsausdruck von vielen Menschen ist lebhaft, während andere sich durch ein sogenanntes Pokerface auszeichnen. Ihre Mimik ist reduziert und lässt kaum Rückschlüsse auf ihr Gefühlsleben zu. Personalverantwortliche sind in der Regel Profis und werden deshalb versuchen, ihren eigenen Gesichtsausdruck so gut wie möglich im Griff zu haben.
Der Bewerber soll sich ja möglichst unverfälscht darstellen und nicht gleich am Gesichtsausdruck des Interviewers erkennen können, wenn seine Aussagen oder seine Selbstpräsentation nicht gut ankommen. Menschen, denen die Gefühle ins Gesicht geschrieben sind, werden sich jedoch als Bewerber sehr schwertun, ein undurchdringliches Gesicht zu machen. Wer dies zwanghaft versucht, wirkt höchstens unecht und hinterlässt aus diesem Grund auch keinen guten Eindruck.

Menschen mit einem lebhaften Gesichtsausdruck werden als sympathisch eingestuft.

Menschen mit lebhafter Mimik wirken offen, lebhaft und vertrauenswürdig. Es ist also gar nicht notwendig, sich für das Bewerbungsgespräch ein Pokerface anzutrainieren oder zu versuchen, eine bestimmte Mimik an den Tag zu legen.

Beachten Sie bei Ihrer Mimik vor allem drei Dinge:

- immer wieder einmal freundlich und verbindlich lächeln,
- den Blickkontakt mit allen Personalverantwortlichen suchen und
- einen neugierigen, interessierten Blick aufsetzen, wenn die Personaler über das Unternehmen und die Aufgabe berichten.

Lächeln: das beste Mimiksignal

Ein Lächeln ist das sympathischste Mimiksignal, das ein Mensch geben kann. Mit einem strahlenden Lächeln gewinnt man Herzen. Voraussetzung: Das Lächeln kommt von innen und ist nicht aufgesetzt.

Personen »mit schiefem Lächeln« werden gemieden.

Bei einem echten Lächeln werden automatisch die Wangen hochgezogen und die Augen lachen mit. Um die Augen herum bilden sich Lachfältchen und die Augenbrauen senken sich. Beim vorgetäuschten Lächeln dagegen sind die Muskeln rund um die Augen nicht aktiv. Es wirkt wie eine Grimasse und endet oft sehr abrupt. Dieses unechte oder »schiefe Lächeln« wird von anderen unbewusst abgelehnt. Im Gegensatz zum echten Lächeln, das Vertrauen und Zuneigung aufbaut, erntet das unechte Lächeln Misstrauen und Ablehnung. Bewerber sind deshalb gut beraten nur zu lächeln, wenn ihnen wirklich danach zumute ist.

Ein Dauerlächeln ist nicht glaubwürdig und wirkt zudem unterwürfig. Besonders bei der Mimik ist Authentizität sehr wichtig.

Grundsätzlich ist es hilfreich, über die wichtigsten Mimiksignale informiert zu sein, sowohl um die Mimikreaktionen der Interviewer interpretieren zu können als auch um sich über die eigene Mimik besser im Klaren zu sein.

Ein häufiger Blickkontakt zeugt von Vertrauen und Sympathie.

Zusammengepresste Lippen: Die Person ist angespannt und distanziert sich innerlich.

Die wichtigsten Mimiksignale

- Mit der Zunge über beide Lippen fahren: Der Betreffende genießt die Situation und ist mit ihr zufrieden.
- Die Augen sind weit geöffnet: Die Person ist sehr interessiert.
- Ein offener Mund bei weit geöffneten Augen drückt Erstaunen aus.
- Die Lippen spitzen: Der Betreffende prüft das gerade Gesagte ganz genau.
- Nur eine Lippe lecken: Der Interviewer denkt über die Äußerungen des Bewerbers nach.
- Stirnrunzeln: Erstaunen oder erstes Anzeichen von Ärger.
- Augenbraue(n) hochziehen: ein Zeichen für Skepsis und Kritik.
- Augenbrauen zusammenziehen: Der Betreffende ist ärgerlich.
- Nase rümpfen: Das Angebot / die Äußerung wird abgelehnt.
- Häufiges Wegsehen: ein Zeichen für Desinteresse.
- Konstanter und eindringlicher Blickkontakt: Das Gegenüber ist ärgerlich und kurz vor einer aggressiven Äußerung.
- Geöffneter Mund bei gleichzeitig hängender Unterlippe und zurückgeschobenem Kinn: Das »lange Gesicht« signalisiert Ablehnung.
- Ein angehobener Mundwinkel zeigt Arroganz und Überheblichkeit.
- Hochgeschobene Unterlippe: Kann sowohl Arroganz und Überheblichkeit als auch Nachdenklichkeit bedeuten.
- Ein häufiger Lidschlag deutet auf Unsicherheit und Nervosität hin.

Die Stimme

Die Stimme sorgt machtvoll, aber unbewusst für Faszination, Sympathie und Durchsetzungsvermögen.

Fragt man Personalverantwortliche, welchen Stellenwert die Stimme eines Bewerbers hat, unterstreichen viele von ihnen, dass die Stimme eines Bewerbers einen wesentlichen Eindruck hinterlasse. Bei potenziellen Mitarbeitern mit Kundenkontakt achten die Unternehmensvertreter sogar sehr bewusst auf Stimme und Modulation des Bewerbers. Denn die Stimme eines Mitarbeiters am Telefon ist oft die erste Visitenkarte des Unternehmens. Innerhalb der ersten sieben Sekunden eines Telefonats macht sich ein Anrufer ein erstes Bild von seinem Gesprächspartner am anderen Ende der Leitung. Ein Großteil der Befragten zieht deshalb Bewerber mit angenehmer Stimme und Sprechweise anderen Bewerbern vor.

Strebt ein Bewerber eine Führungskarriere an, wird seiner Stimme bei der Personalauswahl sogar besonders viel Bedeutung beigemessen. Bei der Bewertung der Stimme eines Jobkandidaten gehen die meisten Unternehmensvertreter nach ihrem subjektiven Eindruck vor. Nur wenige legen objektive Bewertungskriterien zugrunde.

Achten Sie darauf, dass Sie nicht zu schnell sprechen und deutlich artikulieren.

»Ein Mann mit einer kräftigen, wohltönenden Stimme hat es im Berufsleben einfacher als eine Frau mit Piepsstimme«, sagen Karriereberater und Coaches für berufliche Entwicklung. Eine angenehme, gut verständliche Stimme ist für Berufstätige sehr wichtig. Aber Vorsicht: Eine überlaute Stimme kommt auch nicht gut an. Wichtig an der Stimme sind Stimmlage, Sprechmelodie, Geschwindigkeit, die Dauer von Pausen sowie die Lautstärke.

Eine klare Aussprache kommt gut an

Eine gute Berufsstimme klingt laut der Phonetikerin Vivien Zuta vom Frankfurter Institute for Advanced Studies (FIAS) sachlich und bestimmt, gleichzeitig aber auch persönlich und freundlich. Dazu gehört ein mittleres Sprechtempo. Bewerber, die stimmlich sicher wirken und ihre Stimme flexibel einsetzen können, kommen deshalb gut an. Voll klingende mittlere Stimmlagen werden hohen oder betont tiefen vorgezogen.

Schnelles Sprechen erweckt den Eindruck, dass Sie sich nicht wohlfühlen und schnell fertig werden möchten. Zu langsames Sprechen wirkt einschläfernd.

Wer sehr monoton und langsam spricht, klingt gelangweilt und lässt damit den Eindruck von Motivation und Engagement vermissen, der für ein Vorstellungsgespräch besonders wichtig ist. So können die Chancen für den Job – nur aufgrund der Stimme – schnell schwinden.

Stimmtraining kann helfen

Professionelle Stimmtrainer erzielen Stimmveränderungen und -verbesserungen in relativ kurzer Zeit.

Die gute Nachricht für Bewerber mit zu leiser Stimme, mit monotoner oder undeutlicher Sprechweise: Mit einem Stimmtraining können Mängel an der Stimme schnell ausgeglichen werden. Wer seine Aussprache verbessern will, wiederholt zum Beispiel immer wieder Sätze mit vielen Vokalen. Um der Stimme mehr Lautstärke und Klang zu geben, trainiert man die Bauchatmung und spricht im Rhythmus der Bauchatmung immer wieder die Worte: »Hopp, hepp, hupp«. Gute Übung: Legen Sie sich mit einem Buch auf dem Bauch auf den Rücken. Das Buch muss sich im Atemrhythmus heben und senken.
Wer zu monoton spricht und seine Aussprache melodischer machen möchte, liest spannende Geschichten, die viel direkte Rede enthalten, laut vor, akzentuiert dabei genau und versucht – wie ein Schauspieler –, die Emotionen der beschriebenen Personen mit seiner Stimme eindrucksvoll wiederzugeben.
Und nicht vergessen: Die Atmung ist die Energie der Gedanken. Die Stimme eines Menschen ist immer nur so gut wie seine Atmung. Auch aus diesem Grund sind Entspannungsübungen kurz vor dem Bewerbungsgespräch eine sinnvolle Maßnahme. Nur wer entspannt ist, kann seinen Atem frei fließen lassen.

Mit einer ausgefeilten Rhetorik überzeugen

Mit sprachlicher Gewandtheit können Sie punkten.

Es gibt Menschen, die rhetorisches Talent besitzen und ihre Gesprächspartner mit sprachlicher Gewandtheit und Brillanz beeindrucken. Diese Fähigkeit hat nicht jeder. Vor allem im Vorstellungsgespräch, in dem beim Bewerber womöglich Anspannung und Aufregung dominieren, kann es schon passieren, dass die Worte nicht so selbstverständlich fließen wie in der lockeren Runde im Freundeskreis.

Bei Führungspositionen und Tätigkeiten mit Kundenkontakt achten Personaler besonders auf die sprachliche Souveränität des Bewerbers.

Aber: Eine lebendige, anschauliche Sprache, die Begeisterung und Engagement transportiert, hat viel Überzeugungskraft und kann andere Schwächen des Bewerbers wettmachen.

Und je nachdem, welche Position besetzt werden soll, etwa die eines Verkäufers oder Einkäufers, achten die Interviewer besonders auf die rhetorische Sicherheit und Verhandlungsstärke des Kandidaten. Die folgenden Seiten fassen wichtige Grundlagen erfolgreicher Rhetorik zusammen, die an die Empfehlungen des erfolgreichen Rhetorik- und Dialektiktrainers Dr. Albert Thiele angelehnt sind.

Die Grundregeln wirkungsvoller Rhetorik

Wem die Fähigkeit, andere Menschen mit einem brillanten rhetorischen Feuerwerk zu überzeugen, nicht in die Wiege gelegt wurde oder wer sich nicht durch entsprechende Rhetorikkurse eine professionelle Sprechweise angeeignet hat, wird sich auch mit noch so viel Vorbereitung auf sein Vorstellungsgespräch nicht zu einem Rhetorikprofi wandeln. Das muss auch gar nicht sein. Es genügt, wenn Sie sich die folgenden Grundregeln erfolgreicher Rhetorik immer wieder vor Augen führen und zum Beispiel im Rollenspiel versuchen, sie zu berücksichtigen.

Grundregeln erfolgreicher Rhetorik

Machen Sie sich vor dem Vorstellungsgespräch klar, welchen konkreten Nutzen Sie dem Unternehmen in dieser Position bieten können.

1) Die Botschaft muss klar sein. Der Kandidat sollte, schon bevor er in das Vorstellungsgespräch geht, genau wissen, wie er sich im Interview präsentieren will. Welche seiner Stärken und Qualifikationen, die besonders gut für die Position passen, will er betonen? Welches Alleinstellungsmerkmal hat er? Das heißt, was kann er Besonderes in das Unternehmen einbringen, etwas, das andere vielleicht nicht vorweisen können? Was sind seine Ziele bezüglich der neuen Position? Wie will er das Unternehmen in Zukunft als Mitarbeiter erfolgreich unterstützen? Wer sich zu diesen Themen vorher ausführlich Gedanken gemacht hat, bei dem fließen auch die Worte flüssiger und überzeugender.
2) Die Interviewer sind wichtig, nicht der Bewerber. Das heißt: Das, was der Kandidat sagt, muss seinen Gesprächspartnern am Tisch gefallen und nicht ihm selbst. Deshalb ist es von großem Vorteil, wenn der Bewerber sich bereits im Vorfeld über die Positionen und Aufgabengebiete der Anwesenden informiert hat. So kann er besser auf deren Interessen eingehen.

Sprechen Sie nach dem Motto: In dir muss brennen, was du in anderen entzünden willst.

3) Wer die Wahrheit sagt, wirkt authentisch. Damit kommen auch seine Aussagen glaubwürdig und überzeugend an. Es hat also keinen Sinn, sich im Vorstellungsgespräch zu verstellen und Überzeugungen von sich zu geben, die nichts mit der eigenen inneren Einstellung zu tun haben. Allein die Körpersprache und Stimme werden verräterisch sein. Erfahrene Personaler entlarven solche Versuche sofort. Und nur wer authentisch ist, kann andere auch von sich überzeugen.

Reden Sie nicht um den heißen Brei herum. So verlieren Sie an Glaubwürdigkeit.

4) »Rede weniger, sage mehr.« Dieses Motto ist für Bewerber Erfolg versprechend. Nur die für das Vorstellungsgespräch und die neue Aufgabe wichtigen Fakten werden angesprochen. Sie sollen Hand und Fuß haben und selbstbewusst vorgetragen werden. Bringen Sie Ihre Botschaft auf den Punkt und reden Sie nicht um den heißen Brei herum.

5) Zuhören können ist eine wichtige rhetorische Qualität. Wenn ein Unternehmensvertreter spricht, hält der Bewerber interessierten Blickkontakt zu ihm, hört ihm aufmerksam zu und unterbricht ihn nicht.

Negative Emotionen haben im Bewerbungsgespräch nichts zu suchen.

6) Emotionen gehören zu einer lebendigen Sprache. Wenn ein Bewerber Begeisterung, Interesse und Willenskraft in seiner Sprache ausdrücken kann, hat er schon viel gewonnen. Aussagen wie »Es macht mir riesigen Spaß, mit vielen Kunden in Kontakt zu sein«, »Ich habe Zahlen immer schon geliebt« oder »Computer sind meine Leidenschaft« dürfen ruhig sein. Sie zeigen, dass der Bewerber seine Position nicht nur mit dem Kopf, sondern auch mit dem Herzen ausfüllen wird.

Vermeiden Sie Fremdwörter und langatmige Umschreibungen.

7) Eine klare verständliche Sprache ist Voraussetzung für eine gute Kommunikation. Die Personalverantwortlichen müssen die Botschaft des Bewerbers sofort und unmissverständlich verstehen können. Fachausdrücke aus dem Bereich, in dem die Position besetzt werden soll, sind natürlich erlaubt, um die Vertreter des Unternehmens von der fachlichen Kompetenz zu überzeugen.

8) Der Bewerber sollte keine Monologe halten, auch wenn vielleicht der eine oder andere Personalverantwortliche selbst dazu neigt zu monologisieren. Bewerber, die zu lange und zu ausführlich von sich selbst reden, laufen Gefahr, als überzogene Selbstdarsteller eingestuft zu werden.

Die Gesprächspartner werden Ihre ungeteilte Aufmerksamkeit sehr wertschätzen.

9) Eine direkte Ansprache überzeugt. Im Augenblick des Gesprächs konzentriert sich der Bewerber immer voll auf das Gegenüber, das er gerade ansprechen möchte.

10) Nachfragen vermeidet Missverständnisse. Wenn der Bewerber nicht sicher ist, ob er die Aussage eines Unternehmensvertreters richtig verstanden hat, ist es sinnvoll, wenn er das Gesagte noch einmal mit eigenen Worten wiederholt, zum Beispiel so: »Sie sehen also einen wichtigen Schwerpunkt in der ... Habe ich Sie da richtig verstanden?«

Grundregeln erfolgreicher Rhetorik (Forts.)

11) Der erste Eindruck ist entscheidend, der letzte bleibt. Das heißt: Der sprachliche Einstieg und der Schluss des Bewerbers im Jobinterview hinterlassen bei den Unternehmensvertretern einen nachhaltigen Eindruck. Deshalb sind eine souveräne Vorstellung und Begrüßung ebenso wichtig wie die Verabschiedung.

Kritische Fragen und Gegenargumente im Vorstellungsgespräch

Betrachten Sie Einwände wie kritische Fragen und Gegenargumente nicht als Angriff auf Ihre Person.

Personaler versuchen, Bewerbern mit kritischen Fragen auf den Zahn zu fühlen, sie gelegentlich auch zu verunsichern. Sie wollen hinter die Fassade des Kandidaten schauen und eventuelle Schwächen und Ungereimtheiten aufdecken. Mit einer ausgefeilten Rhetorik können Bewerber solche Einwände, manchmal sogar Angriffe, geschickt parieren. Wichtig ist, dass Sie sich von solchen kritischen Einwänden nicht verunsichern lassen oder gar aggressiv reagieren. Im Gegenteil: Jede Frage zeugt vom Interesse des Interviewers und davon, dass er noch mehr über Sie, den Bewerber, erfahren will. Reagieren Sie deshalb am besten immer positiv auf sachliche Einwände. Denn Personaler messen Kandidaten nicht nur an der Qualität ihrer Argumente, sondern auch an der Art und Weise, wie sie mit Kritik und gegenteiligen Meinungen umgehen.

Will man Sie provozieren? Dann handelt es sich nicht mehr um einen sachlichen Einwand, sondern um einen Angriff.

Bei einem Einwand oder einer Frage geht es für den Bewerber erst einmal darum herauszufinden, warum der Interviewer nachfragt. Hat er vielleicht nur eine Aussage nicht richtig verstanden? Hakt er nach, weil er grundsätzlich eine ganz andere Auffassung hat? Oder will er bewusst provozieren, um die Stressresistenz und die Souveränität des Bewerbers zu testen?

Tipp

Wenn ein Einwand oder eine kritische Frage kommt, worauf der Bewerber nicht sofort eine Antwort parat hat, wendet er die Methode der Wiederholung an – er wiederholt den Einwand mit eigenen Worten. Damit gewinnt er Zeit zum Überlegen: »Verstehe ich Sie richtig, Herr Müller, dass Sie ...?«

Einwandtechniken

Methode der bedingten Zustimmung

Gehen Sie auf jeden Einwand ein. Bleiben Sie ruhig und lassen Sie sich nicht in eine Rechtfertigungsposition drängen.

Der Rhetoriktrainer Dr. Albert Thiele empfiehlt für ein lebendiges Gespräch, das trotz unterschiedlicher Ansätze der Gesprächspartner harmonisch verlaufen soll, verschiedene Formen der Reaktion auf Einwände. Bei der Methode der bedingten Zustimmung greift der Bewerber einen Aspekt des Einwands auf und stimmt bedingt zu. Erst dann erklärt er den eigenen Standpunkt auf verständliche Weise und präzisiert oder relativiert ihn:

Beispiele
- »In diesem Aspekt stimme ich Ihnen zu. Ich möchte dazu noch Folgendes erläutern ...«
- »Ich bin Ihnen dankbar, dass Sie diesen Punkt ansprechen. Dazu möchte ich sagen, dass ...«
- »Ich verstehe Ihren Standpunkt. Wir dürfen jedoch nicht übersehen, dass ...«

Umformulierungsmethode

Der Kandidat formuliert den Einwand in eine positive Frage um. Damit nimmt er ihm die Schärfe und bringt die Diskussion wieder souverän auf die Sachebene.

Beispiel
»Wenn ich Sie richtig verstehe, geht es Ihnen um die Frage, wie ich meine Führungsqualitäten einschätze. In meiner jetzigen Position als Projektverantwortlicher für ...«

Wenden Sie die Vorteile-Nachteile-Methode vor allem an, wenn Ihnen Entweder-oder-Fragen gestellt werden.

Vorteile-Nachteile-Methode

Auf eine Entweder-oder-Frage antwortet der Bewerber diplomatisch, indem er die Vorteile bzw. Nachteile beider Varianten aufführt. Dies schwächt seine Überzeugungskraft nicht. Vorsicht: Entweder-oder-Fragen und Lieber-dieses-oder-lieber-jenes-Fragen sind häufig Fangfragen. Personaler wollen den Bewerber damit in eine Ecke drängen und zu einer einseitigen Antwort verleiten. Damit gibt der Bewerber entweder spontan eine einseitige Neigung zu erkennen, die dann für die Interviewer sehr aufschlussreich ist, oder er offenbart seinen Gesprächspartnern, dass er auf eine derartige Frage nicht differenziert antworten kann. Diese Fähigkeit ist aber in Unternehmen häufig erwünscht, vor allem, wenn es um Verhandlungen geht, die der Bewerber in Verbindung mit den künftigen Aufgaben führen muss.

Personaler wünschen sich Bewerber, die differenzierte Antworten geben können.

Beispiele

Interviewer: »Sind Sie lieber Einzelkämpfer oder Teamplayer?«
Bewerber:
»Ich denke, beides hat seine Vor- und Nachteile. Einzelkämpfer haben klare Vorteile, wenn ...«
»Ich versuche, die Vorzüge beider Arbeitsstile in meine tägliche Arbeit einfließen zu lassen. Es gibt bestimmte Aufgaben wie z. B. ...«
Interviewer: »Machen Sie lieber Abenteuerurlaub oder lieber Strandurlaub?«
Bewerber: »Ich mache beides sehr gern. Es gibt Phasen, da brauche ich ein paar Tage Erholung am Strand. Dann möchte ich aber auch wieder Neues entdecken. In einem längeren Urlaub verbinde ich gerne beides.«
Interviewer: »Sind Sie eher konfliktscheu oder konfliktbereit?«
Bewerber: »Weder das eine noch das andere. Es gibt Dinge, da lohnt es sich einfach nicht, eine Diskussion vom Zaun zu brechen. Und wenn mir ein Kompromiss nicht schwerfällt, warum sollte ich ihn dann nicht eingehen? Bei grundlegenden Differenzen allerdings spreche ich das Problem schon an. Wichtig dabei ist, dass die Beteiligten versuchen, die Angelegenheit ruhig und möglichst sachlich zu

Geben Sie zu, konfliktscheu zu sein, stuft der Personaler Sie als Duckmäuser ein. Konfliktbereitschaft dagegen deutet auf einen Unruhestifter hin.

besprechen. Ich für meinen Teil achte sehr darauf. Vor allem ist mir wichtig, dass ich den anderen nicht persönlich verletze. Ich habe bisher die Erfahrung gemacht, dass es für den Teamgeist sehr positiv ist, wenn Meinungsverschiedenheiten auf diese Weise geregelt werden.«

Referenzmethode

Lassen Sie elegant Ihr Hintergrundwissen aus Ihrem Fachbereich einfließen.

Diese Methode ist vor allem dann geeignet, wenn es um Fachfragen geht. Hier kann der Bewerber seine Argumente untermauern und sein Know-how beweisen, indem er Erfahrungen und Erkenntnisse in vergleichbaren Unternehmen der Branche und Aussagen von Experten zitiert.

Beispiele

- »Ich bin vollkommen einer Meinung mit Ihnen, was den Entwicklungsstand der Technologie XY anbelangt. Es gibt aber in einigen Unternehmen bereits Erfahrungen, dass ...«
- »Sie fragen zu Recht nach den Zukunftstrends in diesem Bereich. Auf der vergangenen CEBIT bestätigte sich die Einschätzung des Fraunhofer-Instituts, dass ...«

Verständnismethode

Oft drücken Einwände im Bewerbungsgespräch nur aus, dass Ihr Gegenüber eine andere Sicht der Dinge hat.

Zeigt der Bewerber Verständnis für die Fragen und Einwände seiner Gesprächspartner, beweist er ihnen damit seine Wertschätzung. Mit dieser Haltung zeigt er Verbindlichkeit und verringert Distanz.

Beispiele

- »Ich kann Ihre Frage sehr gut nachvollziehen. In den drei Monaten zwischen meinem Ausbildungsabschluss und meiner ersten Anstellung als ...«
- »Ich kann sehr gut nachvollziehen, dass Sie sich einen Bewerber mit etwas mehr Berufserfahrung wünschen. Dazu möchte ich sagen, dass ...«

Umkehrmethode

Negativaussagen können umgekehrt werden, indem sie auf positive Aspekte gelenkt werden. Der Kandidat weist in seiner Antwort auf die positiven Aspekte des Themas hin.

Beispiele:

- »Sie haben recht, ich habe noch keine langjährige Berufserfahrung. Dafür bin ich voller Tatendrang und brennend daran interessiert, bei der Entwicklung Ihrer neuen Produktlinie mitzuwirken.«
- »Da sprechen Sie einen wichtigen Punkt an. Das Sabbatical war für mich nicht eine spontane Auszeit, sondern im Vorfeld wohlüberlegt und geplant …«

Mit Brückensätzen Zeit gewinnen

Brückensätze helfen Ihnen, gelassen und ruhig zu reagieren.

Neben den genannten Methoden im Umgang mit kritischen Fragen und Einwänden im Bewerbungsgespräch sind auch Brückensätze ein geeignetes Mittel, wenn der Bewerber von einer Frage oder einem Einwand überrascht ist. Mit einem Brückensatz kann er auf ein Thema lenken, das ihm entgegenkommt, und damit zur Deeskalation der Situation beitragen. Brückensätze helfen ihm auch, Zeit zu gewinnen, um sich die Antwort noch einmal durch den Kopf gehen zu lassen.

Beispiele für Brückensätze

- Einen Angriff neutralisieren: »Das höre ich zum ersten Mal, Herr Müller. Das erstaunt mich.«
- Bedingt zustimmen: »Grundsätzlich stimme ich Ihnen vollkommen zu. Was den zweiten Punkt angeht, denke ich …«
- Auf den Kernpunkt zurückführen: »Damit sind wir mit Ihrer Frage wieder beim ursprünglichen Thema, dass …«
- Den Gesprächspartner aufwerten: »Als erfahrener Fachmann wissen Sie sicher …«
- Ergänzende Ich-Botschaften wählen: »Ich kann Ihre Frage im Augenblick nicht ganz einordnen.«

Diese Antworten auf kritische Fragen sind tabu

Verzichten Sie bei Einwänden auf jede Demonstration von Überlegenheit und Dominanz.

Wenn ein Personaler einen Einwand vorbringt, ist es wichtig, dass der Bewerber das Gespräch mit seiner Antwort nicht auf Konfrontationskurs bringt. Es geht vielmehr darum, seine Bedenken auszuräumen und das Gespräch positiv weiterzuführen. Ansonsten entsteht bei den Unternehmensvertretern eine Abwehrhaltung und die Chancen, den Job zu bekommen, sinken rapide. Widerlegen Sie Einwände also am besten nicht, sondern beantworten Sie sie konstruktiv.

Bedenken Sie: Jeder Mensch hat ein mehr oder weniger ausgeprägtes Bedürfnis nach Wertschätzung.

Auch wenn Sie als Bewerber den subjektiven Eindruck gewinnen, ein Einwand sei sinnlos, unsachlich oder laienhaft: Vermeiden Sie unbedingt folgende oder ähnliche Redewendungen bei Einwänden Personalverantwortlicher:

- »Sie haben mich völlig falsch verstanden.«
- »Jetzt passen Sie mal auf, was ich Ihnen zu sagen habe.«
- »Versetzen Sie sich mal in meine Position.«
- »Das habe ich Ihnen doch gerade vorhin schon beantwortet.«
- »Ich sage es gern noch einmal für Sie.«
- »Nein, das sehen Sie falsch.«
- »Sie verstehen den Grundgedanken nicht.«
- »Das ist doch völliger Unsinn.«
- »Diese Frage erübrigt sich doch wohl, oder?«
- »Ihr Einwand passt überhaupt nicht zum Thema.«
- »Warum fragen Sie mich?«

Der Konjunktiv: ein Feind überzeugender Rhetorik

Mit Aussagen im Konjunktiv signalisieren Sie Unsicherheit und machen sich unbewusst kleiner.

Es gibt Bewerber – häufig sind es Frauen – die eine Sprache mit vielen Konjunktiven und Wörtern wie »vielleicht«, »bisschen«, »eigentlich« pflegen. In Vorstellungsgesprächen wie im Berufsleben generell kommt der Konjunktiv jedoch überhaupt nicht gut an. Denn hier sind klare Aussagen gefragt. Viel erfolgversprechender ist es, wenn es um Ziele und Karriere geht, selbstbewusst und klar zu formulieren.

Selbstbewusst formulieren	
Kein Konjunktiv	**Sondern besser**
»Eigentlich würde ich auch gerne mal eine Projektleitung übernehmen.«	»Mein Ziel ist es, innerhalb der nächsten zwei Jahre selbstständig Projekte zu leiten.«
»Ich hätte mir schon ein Jahresgehalt von XX 000 € vorgestellt.«	»Meine Gehaltsvorstellung liegt bei XX 000 € brutto im Jahr.«
»Ich könnte mir gut vorstellen, die Aufgaben zu übernehmen.«	»Ich bin überzeugt davon, dass ich die Herausforderungen, die mit der Position verbunden sind, aufgrund meiner Qualifikation und meiner Erfahrung sehr gut bewältigen werde.«

Aktiv zuhören: ein wichtiges Element guter Rhetorik

Als aktiver Zuhörer hören Sie dem Sprechenden ganz bewusst zu und versuchen auch das nicht Gesagte herauszuhören.

Zur Sprachgewandtheit und guten Kommunikation gehört auch die Fähigkeit, zuzuhören. Wichtige und wertvolle Informationen erlangt der Bewerber durch »aktives Zuhören«. Das Modell des aktiven Zuhörens wurde von dem amerikanischen Psychologen Carl Rogers entwickelt. Es betont vor allem die emotionalen Aspekte in der Botschaft des Gesprächspartners. Demnach ist es wichtig, nicht allein die sachlichen Aussagen zu hören, sondern auch die nonverbalen Signale der Rede wahrzunehmen, zum Beispiel die Stimmführung, die Betonung, die Mimik oder die Körpersprache. Die Aussage selbst ist erst durch die Einbeziehung dieser Aspekte angemessen zu verstehen.
Aktives Zuhören trägt nicht nur zum Aufbau einer positiven Gesprächsatmosphäre bei, sondern liefert auch viele nützliche Informationen, an die der Bewerber durch Sprechen nie kommen würde.

Personaler reden gerne über ihr Unternehmen. Durch aktives Zuhören erweisen Sie ihnen Respekt.

»Aktives Zuhören« bedeutet:

- Der Bewerber wendet sich dem Gesprächspartner mit offener Körpersprache zu und blickt ihn aufmerksam an.

- Er beugt sich seinem Gegenüber leicht entgegen, um Interesse zu signalisieren.
- Er gibt durch Signale zu verstehen, dass er den Ausführungen seines Gegenübers konzentriert folgt. Die Signale sind zum Beispiel gelegentliches Kopfnicken, ein Lächeln, ein zustimmendes »Hmm«, »Aha« oder »Ja« und bestätigende Aussagen wie: »Das ist ja sehr interessant!«, »Ach, das ist ja wirklich erstaunlich!«, »Genau dasselbe denke ich auch!«

Achten Sie beim aktiven Zuhören auf die Körpersignale des anderen.

- Er konzentriert sich ausschließlich darauf, seinen Gesprächspartner zu verstehen.
- Er unterdrückt erst einmal seine Gedanken und Ansichten und widersteht der Versuchung, den anderen zu unterbrechen.
- Er lässt Pausen im Gesprächsfluss zu. Wenn der Gesprächspartner erkennbar eine kurze Denkpause macht, um dann weiterzusprechen, wartet der Bewerber ruhig ab und nutzt die Unterbrechung nicht, um etwas zu entgegnen.

Aktiv zuhören heißt mit allen Sinnen zuhören.

- Er fasst noch einmal kurz zusammen, was sein Gesprächspartner gesagt hat, um zu kontrollieren, ob er ihn richtig verstanden hat.
- Er stellt Rückfragen, wenn er etwas nicht verstanden hat.
- Er notiert sich Fragen, um seinen Gesprächspartner nicht zu unterbrechen, und kommt dann darauf zurück, wenn sich eine Gelegenheit dazu bietet.

Fazit: Ein »aktiver Zuhörer« gibt seinem Gegenüber das Gefühl, dass es in diesem Moment keine wichtigere Person für ihn gibt.

Rechtliche Aspekte im Vorstellungsgespräch

Stellt sich ein Bewerber einer Personalauswahl, muss er nicht alles hinnehmen, was ein Arbeitgeber sich im Rahmen dieses Ausleseprozesses einfallen lässt. Vor allem muss er nicht alle Informationen preisgeben, wenn sie für die qualifizierte Ausübung der neuen Tätigkeit nicht relevant sind.

Der Gesetzgeber hat deutsche bzw. europäische Bürger in der Bewerbungssituation mit einer Reihe von Rechten und Pflichten ausgestattet.

Der Arbeitgeber muss sich, wenn er ein Auswahlverfahren durchführt, an gesetzliche Rahmenbedingungen halten, angefangen beim allgemeinen Gleichbehandlungsgesetz über die Zulässigkeit von Fragen bis hin zur Pflicht zur Erstattung von Bewerbungskosten. Tut er dies nicht, kann der Bewerber ihn auf seine Pflichten hinweisen bzw. rechtliche Schritte gegen ihn unternehmen.

Arbeitgeber und Bewerber: Rechte und Pflichten

Wenn sich ein Bewerber um einen Arbeitsplatz bewirbt, entsteht ein sogenanntes Anbahnungsverhältnis zwischen Arbeitgeber und Bewerber. Damit ergeben sich nach § 311 Abs. 2 BGB gegenseitige Fürsorge-, Sorgfalts-, Loyalitäts- und Aufklärungspflichten. Unter anderem sind die Verhandlungspartner nach außen hin zum Stillschweigen verpflichtet, insbesondere was die Vertragsverhandlungen anbelangt und wenn Betriebsgeheimnisse oder Persönlichkeitsrechte des Bewerbers betroffen sind.

Pflichten des Bewerbers

Der Bewerber ist verpflichtet, alle zulässigen Fragen wahrheitsgemäß zu beantworten.

Fragen nach Ihrem beruflichen Werdegang und Ihrer Qualifikation müssen Sie ehrlich beantworten.

Zudem muss er den Arbeitgeber über alle Umstände, die für das in Aussicht stehende Arbeitsverhältnis von Bedeutung sind, unterrichten. Wenn es also Gründe gibt, die den Bewerber für die angebotene Stelle ungeeignet machen können, muss er diese unverzüglich mitteilen, zum Beispiel: den baldigen Antritt einer Haftstrafe oder einen Gesundheitszustand, der es ihm unmöglich macht, die mit der Stelle verbundenen Tätigkeiten auszuüben. Kommt der

Bewerber dieser Pflicht nicht nach, kann der Arbeitgeber den Arbeitsvertrag später wegen arglistiger Täuschung anfechten. Die Folge: Der Arbeitsvertrag ist unwirksam und der Mitarbeiter muss das Unternehmen verlassen.
Der Bewerber muss außerdem das Unternehmen, bei dem er sich beworben hat, rechtzeitig darüber informieren, wenn er sich für ein anderes Unternehmen entschieden hat. Die Kosten für die Bewerbungsunterlagen trägt der Bewerber einschließlich der Portokosten. Das betrifft grundsätzlich auch die Unterlagen, die der Arbeitgeber noch zusätzlich verlangt wie z. B. ein polizeiliches Führungszeugnis oder eine Arbeitserlaubnis.

Pflichten des Arbeitgebers

Aus dem vorvertraglichen Vertrauensverhältnis, das im Bewerbungsprozess zwischen Unternehmen und Bewerber entsteht, ergeben sich für den Arbeitgeber Obhuts- und Sorgfaltspflichten. Sie bestehen zum Beispiel darin, dass der Arbeitgeber Bewerbern den Eingang der Bewerbung bestätigen und die Unterlagen – falls es zu keiner Einstellung kommt – nach Abschluss des Bewerbungsverfahrens auf seine Kosten zurücksenden muss. In der Zwischenzeit ist er verpflichtet, die Bewerbungsunterlagen aufzubewahren und sorgsam zu behandeln.
Die Unterlagen dürfen bei der Rücksendung keine Risse, Eselsohren, Fettflecken oder sonstigen Schäden aufweisen. Sonst kann der Bewerber Schadensersatzansprüche geltend machen. Die Praxisrelevanz ist allerdings gering, weil die Schäden meist geringfügig sind. Wird der Bewerber tatsächlich eingestellt, kommen die Bewerbungsunterlagen in seine Personalakte.
Zahlreiche Bewerber schicken ihre Unterlagen initiativ an Unternehmen, das heißt, ohne gezielt auf eine Stellenanzeige oder -ausschreibung zu antworten. Hier sieht die Rechtslage anders aus:
Der Arbeitgeber muss in diesem Fall keine Eingangsbestätigung senden und sie nur zurückschicken, wenn der Absender einen Freiumschlag beigelegt hat. Eine explizite

Die Unterlagen müssen in einwandfreiem Zustand an Sie zurückgesendet werden.

Der Arbeitgeber ist nicht berechtigt, die Bewerbungsunterlagen an Dritte weiterzugeben.

Auf unverlangt eingehende Bewerbungen braucht der Arbeitgeber nicht zu reagieren.

Rechtspflicht besteht aber auch hier nicht. Meldet sich der Bewerber nach Zusendung seiner Bewerbungsunterlagen nicht wieder, kann das Unternehmen sie innerhalb einer angemessenen Frist – etwa drei Monate – vernichten.

Einstellungsverfahren: Was erlaubt ist und was nicht

Es gibt Unternehmen, die ihre potenziellen Mitarbeiter auf Herz und Nieren untersuchen wollen, um auf keinen Fall eine kostspielige Fehlentscheidung zu treffen. Die Maßnahmen zur Prüfung des Kandidaten gehen dann noch weit über das Vorstellungsgespräch hinaus. Aber nicht alles ist erlaubt, was vonseiten des Arbeitgebers als notwendig erachtet wird.

Die Einstellungsuntersuchung

Bei bestimmten Tätigkeiten verlangt bereits der Gesetzgeber oder die Berufsgenossenschaft, dass bei neuen Mitarbeitern eine Einstellungsuntersuchung gemacht wird bzw. ein ärztliches Attest vorgelegt werden muss. Unter Umständen muss auch zum Schutz des künftigen Mitarbeiters geklärt werden, ob er überhaupt auf Dauer gesundheitlich in der Lage ist, die angebotene Tätigkeit auszuführen. Einstellungsuntersuchungen sind also gesetzlich erlaubt.

Der künftige Arbeitgeber kann Sie nicht zwingen, die Untersuchung beim Werksarzt machen zu lassen.

Der Bewerber hat die freie Wahl, bei welchem Arzt er sich untersuchen lassen will. Der Arzt muss lediglich fachlich geeignet sein. Häufig einigen sich Arbeitgeber und Bewerber auf den arbeitsmedizinischen Dienst, um eine objektive und unabhängige, aber im Hinblick auf den Arbeitsplatz fachlich einwandfreie Untersuchung zu gewährleisten. Die Kosten für die Untersuchung muss der Arbeitgeber übernehmen, es sei denn, der Bewerber weigert sich zum Beispiel, sich vom arbeitsmedizinischen Dienst untersuchen zu lassen, mit dem der Arbeitgeber eine pauschale Honorarvereinbarung getroffen hat. Dann hat unter

Umständen der Bewerber die Kosten für die Untersuchung bei seinem Hausarzt zu übernehmen.
Die ärztliche Untersuchung darf sich nur auf den Arbeitsplatz und die damit verbundenen Arbeitsleistungen beschränken. Genetische Analysen zum Beispiel stellen einen klaren Verstoß gegen die Menschenwürde dar und sind deshalb gesetzlich unzulässig.
Der Bewerber befreit den Arzt von seiner ärztlichen Schweigepflicht nur hinsichtlich der Auskunft, die er im Hinblick auf den künftigen Arbeitsplatz machen muss. Sie beschränkt sich auf die Aussage: für den Arbeitsplatz gesundheitlich geeignet oder nicht geeignet.

Der Arzt ist grundsätzlich an seine ärztliche Schweigepflicht gebunden.

Bluttest

Datenschützer stehen Bluttests allgemein sehr kritisch gegenüber.

Grundsätzlich gilt: Der Arbeitgeber darf nur einen Bluttest machen, wenn dieser für die Leistungserbringung in der fraglichen Tätigkeit entscheidend ist. Bewerber für einen Job im Lebensmittelbereich müssen einem Bluttest zustimmen, um sicherzustellen, dass sie keine infektiösen Krankheiten, wie z. B. Hepatitis C, haben.
Ein HIV-Test ist erforderlich bei der Einstellung von medizinischem Personal, weil diese mit dem Blut von anderen Menschen in Kontakt kommen. Ansonsten sind Bluttests nicht zulässig. Sie dürfen vor allem nicht gemacht werden, um das allgemeine unternehmerische Risiko zu senken, einen Mitarbeiter einzustellen, der für Krankheiten anfällig ist. Ein Bewerber muss einem Bluttest nicht zustimmen, wird dann aber wahrscheinlich nicht in die engere Wahl gezogen, gleichgültig ob die Forderung nach dem Test nun berechtigt war oder nicht. Wer den Test freiwillig macht, kann einen Arzt seines Vertrauens wählen. In jedem Fall sollte der Bewerber wissen, dass aus datenschutzrechtlichen Gründen die Gesundheitstests nichts in der Personalakte zu suchen haben. Der Werksarzt muss seine Akten getrennt führen.

Psychologische Tests und Auswahlseminare

Viele Unternehmen versuchen Entscheidungssicherheit zu erlangen, indem sie Bewerber psychologischen Tests unterziehen. Für deren Zulässigkeit gibt es folgende rechtliche Grundsätze:

Der Bewerber muss

- sich dem Test freiwillig unterziehen;
- darüber aufgeklärt werden, wie er den Test absolvieren soll und welche Persönlichkeitsdaten durch ihn ermittelt werden;
- sichergehen können, dass es sich lediglich um die Ermittlung von Merkmalen handelt, die sich auf den Arbeitsplatz beziehen;
- erkennen können, dass die Daten nicht auf einem anderen Weg, z. B. durch Arbeitszeugnisse, ermittelt werden können;
- sicher sein, dass die Untersuchung von einem Psychologen mit Hochschulabschluss durchgeführt wird.

Erlaubt sind zum Beispiel Tests, um die manuelle Geschicklichkeit zu überprüfen, und Kreativtests, die auf die Anforderungen des Arbeitsplatzes abzielen.

Testsituationen, die die Anforderung der zu besetzenden Stelle simulieren, sind erlaubt.

Aber: Bewerber dürfen in der Testsituation von Unternehmensvertretern nicht heimlich beobachtet werden. Ebenso wenig sind allgemeine IQ-Tests oder Persönlichkeitstests erlaubt. Auch Interviews, um die Stressresistenz des Bewerbers im Hinblick auf seine emotionale oder intellektuelle Belastungsfähigkeit zu überprüfen, sind verboten.

Grafologisches Gutachten

Grafologische Gutachten interpretieren anhand der Handschrift des Bewerbers dessen Persönlichkeit.

Es gibt keine eindeutige gesetzliche Regelung, ob grafologische Gutachten im Rahmen des Bewerbungsprozesses erlaubt sind oder nicht. Nach allgemeiner Auffassung ist jedoch die Zustimmung des Bewerbers notwendig. Wenn zu den Bewerbungsunterlagen ein handschriftlicher Lebenslauf verlangt wird, ist in der Regel auch davon auszugehen, dass ein grafologisches Gutachten gemacht wird. Weil die Rechtsprechung in diesem Bereich nicht eindeutig ist, besteht hier unter Umständen die Gefahr, dass sich

Arbeitgeber wegen Verletzung des Persönlichkeitsrechts schadenersatzpflichtig machen.
Wenn Sie vermeiden wollen, dass ein grafologisches Gutachten gemacht wird, dann äußern Sie diesen Wunsch in Ihren Bewerbungsunterlagen. Allerdings laufen Sie dann Gefahr, dass Ihre Unterlagen nicht in die engere Auswahl kommen. Lässt ein Arbeitgeber trotz des ausdrücklichen Wunsches des Bewerbers ein grafologisches Gutachten anfertigen, ist dies eine Verletzung des Persönlichkeitsrechts. Der Bewerber kann dann verlangen, dass das Gutachten vernichtet wird; unter Umständen hat er dann sogar Anspruch auf Schmerzensgeld.

- **Informationen über den Bewerber einholen**

Grundsätzlich dürfen Unternehmen Informationen über Bewerber einholen, wenn sie ein »berechtigtes, billigenswertes und schutzwürdiges« Interesse daran haben. Sie müssen den Bewerber aber darüber informieren, wenn sie z. B. beim früheren Arbeitgeber Auskünfte über ihn einholen wollen.

Ignoriert das Unternehmen Ihr Verbot, können Sie Schadensersatz verlangen, z. B. wenn Sie dadurch Ihren aktuellen Arbeitsplatz verlieren.

Bewerber können es einem Unternehmen dann auch verbieten, sich bei Dritten nach ihnen zu erkundigen, zum Beispiel beim aktuellen Arbeitgeber, wenn der Bewerber noch in einem Arbeitsverhältnis steht. Gibt der Kandidat die Erlaubnis zum Einholen von Auskünften, hat er auch Anspruch darauf, dass sein früherer Arbeitgeber wahrheitsgemäß Auskunft über ihn gibt. Dazu ist der frühere Arbeitgeber schon aufgrund seiner »nachwirkenden Fürsorgepflicht« gegenüber ehemaligen Mitarbeitern verpflichtet. Verweigert er die Auskünfte oder gibt sogar falsche Informationen weiter, kann ihn der Bewerber auf Schadensersatz verklagen, wenn er aufgrund dieses Verhaltens den neuen Job nicht bekommt.

Im Internet darf der Arbeitgeber so viel über Sie in Erfahrung bringen, wie er will.

Dass Personaler im Internet nach Informationen über Bewerber recherchieren, ist mittlerweile gang und gäbe. Hier gibt es keine Einschränkungen.
Ein Führungszeugnis – eine Urkunde des Bundeszentralregisters, die gegebenenfalls Vorstrafen auflistet – kann der

Grundlagen und Regeln zu Sicherheitsüberprüfungen finden Sie im Sicherheitsüberprüfungsgesetz (SÜG).

Laut Gesetz muss ein Arbeitsvertrag nicht sofort schriftlich geschlossen werden.

Arbeitgeber verlangen, wenn dies für die neue Stelle erforderlich ist, zum Beispiel bei Tätigkeiten in einer Bank oder bei Sicherheitsdiensten.
Schufa-Auskünfte darf ein Unternehmen nicht ohne die Erlaubnis des Bewerbers einholen. Es darf auch nur dann darum bitten, wenn diese Auskunft für den künftigen Arbeitsplatz relevant ist, das heißt, wenn der Mitarbeiter z. B. in seiner neuen Position mit großen Geldmengen oder Werten zu tun hat.
Auskünfte vom Verfassungsschutz darf ein Unternehmen nur dann einholen, wenn die Tätigkeit »sicherheitsempfindlich« ist, zum Beispiel in der Kern- und Rüstungsindustrie, aber auch in bestimmten Bereichen der Energieversorgung und Telekommunikation. Der Arbeitgeber muss die Notwendigkeit dieser Überprüfung genau darlegen.

Der Arbeitsvertrag

Die Bewerbung an sich ist kein rechtsverbindliches Angebot und verpflichtet weder den Bewerber noch das Unternehmen dazu, dass ein Arbeitsvertrag zustande kommt. Gewinnt der Arbeitgeber einen guten Eindruck von einem Bewerber, macht er ihm nach dem Bewerbungsprozess in der Regel ein entsprechendes Angebot. Sind sich beide Parteien einig, kommt es zum Abschluss des Arbeitsvertrags.
Der Arbeitsvertrag muss mindestens darüber Auskunft geben, dass der Arbeitnehmer gegen Entgelt weisungsgebundene Arbeit für den Arbeitgeber leistet. Laut Nachweisgesetz muss der Arbeitgeber die wesentlichen Vertragsbedingungen bis spätestens einen Monat nach Beginn des Arbeitsverhältnisses schriftlich bestätigen, sofern kein Arbeitsvertrag vorliegt, vgl. § 2 Abs. 4 Nachweisgesetz (NachwG). Hat der Kandidat bereits für den Arbeitgeber gearbeitet und es kommt danach keine Einigung zustande, handelt es sich um ein »fehlerhaftes Arbeitsverhältnis«. Die in der Vergangenheit geleistete Arbeit muss dann vergütet, für die Zukunft kann das Arbeitsverhältnis mit sofortiger Wirkung aufgelöst werden.

Wenn kein Arbeitsvertrag zustande kommt

Aus einer Bewerbungssituation ergibt sich für beide Parteien ein vorvertragliches Schuldverhältnis, wie es in der Sprache der Juristen heißt. Aus diesem Verhältnis leiten sich eine Reihe von gegenseitigen Verpflichtungen ab:

- Der Kandidat muss den Arbeitgeber umgehend darüber informieren, wenn er an der Stelle nicht mehr interessiert ist, weil er sich zum Beispiel in der Zwischenzeit für einen anderen Arbeitgeber entschieden hat.
- Der Arbeitgeber darf einem interessierten Bewerber nicht den sicheren Eindruck vermitteln, dass der Abschluss des Arbeitsvertrages nur noch Formsache ist, und sich dann doch für einen anderen Mitarbeiter entscheiden. Tut er dies trotzdem und kündigt der Mitarbeiter aus diesem Grund seinen aktuell noch bestehenden Arbeitsvertrag, macht sich der Arbeitgeber schadenersatzpflichtig.
- Die mit der Bewerbung verbundenen Kosten muss grundsätzlich der Arbeitnehmer tragen, außer diejenigen Kosten, die mit einer Einladung zum Vorstellungsgespräch verbunden sind.
- Der Arbeitgeber darf die Bewerbungsunterlagen grundsätzlich nicht an Dritte weitergeben, es sei denn, der Bewerber erlaubt oder wünscht dies ausdrücklich. Die personenbezogenen Daten unterliegen dem Datenschutz.

Wenn Sie sich aus der Arbeitslosigkeit heraus bewerben, kann die Agentur für Arbeit einen Zuschuss bewilligen.

- Bei einer Bewerbung auf eine ausgeschriebene Stelle hat der abgelehnte Bewerber Anspruch auf die Rücksendung seiner Bewerbungsunterlagen. Sofern es sich um eine Initiativbewerbung handelt, gilt dieser Anspruch nicht.
- Der abgelehnte Bewerber hat Anspruch auf Vernichtung des von ihm ausgefüllten Fragebogens. Dieser Anspruch ergibt sich aufgrund des allgemeinen Persönlichkeitsrechts. Er kann jedoch in Ausnahmefällen wegfallen, wenn das Unternehmen ein »berechtigtes Interesse« daran hat, den Fragebogen aufzubewahren,

Das Unternehmen darf den Fragebogen nicht dauerhaft aufbewahren, um bei neu frei werdenden Stellen wieder auf den Bewerber zuzukommen.

z. B., wenn das Unternehmen mit einer gerichtlichen Auseinandersetzung rechnen muss.
Es kann sich aber nicht darauf berufen, dass es den Fragenbogen aufheben muss, weil er mit denen künftiger Bewerber verglichen werden soll.

Übernachtungskosten müssen nur dann erstattet werden, wenn dem Bewerber die An- und Abreise am selben Tag nicht zuzumuten ist.

- Der Arbeitgeber muss die Reisekosten des Bewerbers nach § 670 BGB ersetzen – also Fahrt, Verpflegung und eventuell Übernachtung –, wenn er ihn ausdrücklich zu einem Vorstellungsgespräch eingeladen hat. Diese Verpflichtung besteht unabhängig davon, ob ein Arbeitsvertrag zustande kommt oder nicht. Die Vergütung orientiert sich an den Steuerrichtlinien für Dienstreisen (gefahrene Kilometer mit Pkw, Bahnreise 2. Klasse). Flugkosten muss der Arbeitgeber nur dann ersetzen, wenn dies mit dem Bewerber so abgesprochen wurde. Der Arbeitgeber kann jedoch die Übernahme der Vorstellungskosten im Vorfeld ausschließen. Bei hohen Anreisekosten empfiehlt es sich generell, die Erstattung vor dem Vorstellungsgespräch mit dem Unternehmen abzusprechen.

Schnupperarbeitstag

Um sich besser kennenzulernen und gegenseitig zu testen, ob eine Arbeitsbeziehung für beide Seiten in Zukunft infrage kommen könnte, vereinbaren Unternehmen und Bewerber hin und wieder einen Arbeitstag auf Probe, auch Schnupperarbeitstag genannt.

Das Einfühlungsverhältnis ist kein Arbeitsverhältnis.

Damit gehen Sie ein Einfühlungsverhältnis ein, das noch kein Arbeitsverhältnis ist, sodass der Bewerber an diesem Tag keinerlei Verpflichtung hat, seine Arbeitskraft einzubringen, und der Arbeitgeber nicht weisungsbefugt ist. Alle Tätigkeiten, die der Bewerber verrichtet, sind freiwillig. Wenn diese Voraussetzungen vorliegen, muss der Arbeitgeber diesen Tag auch nicht vergüten. Das »Schnuppern« darf jedoch maximal zwei bis drei Tage dauern, sonst geht es in ein Probearbeitsverhältnis über und muss vergütet werden.

Unerlaubte Fragen erkennen

Natürlich wollen Personaler im Bewerbungsgespräch möglichst viel über den potenziellen Mitarbeiter erfahren. In einigen Bereichen hat der Gesetzgeber jedoch zu viel Neugierde einen Riegel vorgeschoben. Denn dem Interesse des Arbeitgebers, sich im konkreten Einzelfall über die Eignung des zukünftigen Mitarbeiters für die vorgesehene Tätigkeit zu vergewissern, steht das Interesse des Bewerbers an der Wahrung seiner Privatsphäre und seines Persönlichkeitsrechts gegenüber. Vor allem das Allgemeine Gleichbehandlungsgesetz (AGG) verbietet jegliche Diskriminierung und schützt Bewerber vor Ungleichbehandlung.

Diskriminierende Fragen sind nicht erlaubt

Besonders Fragen, die im Bewerbungsgespräch auf diese sechs Bereiche abzielen, sind unzulässig.

In den folgenden sensiblen Bereichen sind Bewerber gesetzlich vor Diskriminierung geschützt: Ungleichbehandlung aufgrund

- des Geschlechts,
- der Rasse oder der ethnischen Herkunft,
- der Religion oder Weltanschauung,
- des Alters,
- einer Behinderung oder
- der sexuellen Identität.

Kann der Bewerber vor Gericht beweisen, dass er im Vergleich zu einer anderen Person diskriminiert wurde, muss der Arbeitgeber aufgrund § 15 Allgemeines Gleichbehandlungsgesetz (AGG) Schadensersatz leisten. Zum einen muss dem Bewerber dann der materielle Schaden, also der Vermögensschaden, der ihm aufgrund der Ablehnung entstanden ist, ersetzt werden. Zum anderen hat er auch Anspruch auf Entschädigung in Bezug auf den immateriellen Schaden. Diese ist im Fall einer Nichteinstellung auf drei Monatsgehälter begrenzt, sofern der Bewerber auch ohne Diskriminierung nicht angenommen worden wäre (§ 15 Nr. 2 S. 2 AGG).

Bei unzulässigen Fragen dürfen Sie sogar lügen.

Der Bewerber kann die Antwort auf eine unzulässige Frage verweigern. Und nicht nur das: Er darf solche Fragen sogar mit einer Lüge beantworten, wenn er befürchten muss, dass der neue Arbeitgeber aufgrund seines Schweigens negative Rückschlüsse ziehen könnte. Wenn die Unternehmensvertreter eine verbotene Frage stellen, sollten Bewerber jedoch nicht gleich auf Konfrontation gehen und auf die rechtliche Unzulässigkeit hinweisen. Es sei denn, die Frage ist eine regelrechte Provokation und der Bewerber hat aufgrund dessen ohnehin kein Interesse mehr an einer Zusammenarbeit.

Mit unfreundlichen oder aggressiven Reaktionen katapultieren Sie sich schnell ins Aus.

Bewegt der Arbeitgeber sich mit seinen Fragen am Rande des Erlaubten, empfiehlt sich Sachlichkeit oder eben eine elegante Lüge. Es kann auch durchaus sein, dass ein Personaler einen Kandidaten mit unerlaubten Fragen auf die Probe stellen will. Er ist dann weniger an einer wahrheitsgemäßen Antwort interessiert, sondern vielmehr an der Art, wie sein Gegenüber mit dieser Situation umzugehen weiß. Wenn er nach wie vor an der Stelle interessiert ist, weist der Bewerber den Unternehmensvertreter also besser nicht direkt auf die Unzulässigkeit der Frage hin.

Stellen Interviewer wiederholt unzulässige Fragen, ist es für den Bewerber an der Zeit zu überlegen, ob dieses Unternehmen wirklich das richtige für ihn ist. In diesem Fall kann er davon ausgehen, dass der Arbeitgeber auch im späteren Arbeitsverhältnis nicht immer korrekt handeln wird.

Diese Arbeitgeberfragen sind unzulässig

Generell gilt: Bewerber müssen nur die Fragen im Jobinterview wahrheitsgemäß beantworten, deren Inhalt direkt mit der Ausübung der betreffenden Tätigkeit in Zusammenhang steht.

Nach dem AGG stellt die Frage nach einer Schwangerschaft eine unmittelbare Diskriminierung wegen des Geschlechts dar.

1) **Die Frage nach der Schwangerschaft.** Grundsätzlich muss eine Bewerberin dem Arbeitgeber bei ihrer Bewerbung keine bestehende Schwangerschaft mitteilen. Nach der Rechtsprechung des Europäischen Gerichtshofes ist die Frage nach einer Schwangerschaft selbst dann unzulässig, wenn einer Beschäftigung der Frau von vornherein ein mutterschutzrechtliches Beschäftigungsverbot (z. B. Anstellung in Nachtarbeit oder gesundheitsgefährdende Labortätigkeiten) gemäß § 4 Mutterschutzgesetz entgegensteht (Bundesarbeitsgericht, 06.02.2003 – 2 AZR 621/01).

Fragen nach Krankheiten sind unzulässig, wenn der Arbeitgeber nur den generellen Gesundheitszustand abfragen will.

2) **Fragen nach Krankheiten.** Der Bewerber muss über Krankheiten, die er bereits überwunden hat, keine Auskunft erteilen. Zumindest dann nicht, wenn keine wesentlichen Nachwirkungen zurückgeblieben sind. Auch was seinen gegenwärtigen gesundheitlichen Zustand anbelangt, darf der Arbeitgeber nicht jede Frage stellen. Fragen nach dem Gesundheitszustand sind nur zulässig, soweit sie für die künftige Tätigkeit des Arbeitnehmers von Bedeutung sind. Zum Beispiel: Fragen nach Allergien gegen Stoffe, mit denen der Kandidat bei seinen neuen Aufgaben in Berührung kommen würde, Frage nach Bandscheibenschäden bei einem Fernfahrer.
   Was wiederkehrende Krankheiten anbelangt, wie Migräne, Allergien, Hexenschuss usw., darf der Arbeitgeber nur fragen, wenn die Krankheitssymptome so stark vom »normalen« Gesundheitszustand abweichen, dass der Arbeitgeber dann auch zur Kündigung berechtigt wäre.

Diese Arbeitgeberfragen sind unzulässig (Forts.)

Ansteckende Krankheiten muss der Bewerber von sich aus mitteilen.

3) **Die Frage nach einer HIV-Infektion.** Vor Ausbruch der Krankheit ist diese Frage – wegen des Blutkontakts – nur dann erlaubt, wenn sie Auswirkungen auf die ausgeübte Tätigkeit haben könnte, zum Beispiel in medizinischen Berufen (Ärzte, Krankenschwestern, Hebammen usw.).
4) **Frage nach Alkohol- und Drogenabhängigkeit.** Auch diese Frage ist nur erlaubt, wenn die Sucht den Arbeitnehmer an der Ausübung seiner künftigen Tätigkeit hindert. Bewerber für eine Tätigkeit als Chauffeur oder Kraftfahrer zum Beispiel müssen ihre Sucht ungefragt mitteilen.
5) **Fragen nach Vorstrafen.** Danach darf der Arbeitgeber nur fragen, wenn eine Vorstrafe relevant für die ausgeübte Tätigkeit sein könnte, z. B. bei Positionen, die eine besondere Vertrauensstellung beinhalten.
6) **Die Frage nach den Vermögensverhältnissen.** Diese Frage ist grundsätzlich nicht zulässig. Es sei denn, die Vermögensverhältnisse des Bewerbers könnten Einfluss nehmen auf die zu besetzende Stelle, z. B. bei einem Kassierer einer Bank oder bei Tätigkeiten in sonstigen Vertrauenspositionen.

Auch die Frage nach dem Kinderwunsch ist unzulässig.

7) **Die Frage nach den Eheplänen.** Ist ein Bewerber unverheiratet, darf der Arbeitgeber nicht danach fragen, ob er beabsichtigt in absehbarer Zeit zu heiraten. Die Frage nach dem Familienstand, also ob er ledig, verheiratet, verwitwet oder geschieden ist, ist dagegen erlaubt.
8) **Die Frage nach der Religionszugehörigkeit.** Diese Frage ist generell unzulässig, es sei denn, es geht um einen Arbeitsplatz in Tendenzbetrieben. Tendenzbetriebe haben neben wirtschaftlichem Erfolg weitere Ziele, zum Beispiel politische, religiöse oder ethische. Alle kirchlichen Einrichtungen sind Tendenzbetriebe. Sie dürfen bei der Auswahl des Bewerbers die Religionszugehörigkeit berücksichtigen. Ausnahme: Die

Liegt die Stasivergangenheit mehr als 30 Jahre zurück, hat sie – je nach Betrachtung des Einzelfalls – keine Bedeutung mehr.

Ihr aktuelles Gehalt müssen Sie nicht preisgeben.

Diese Arbeitgeberfragen sind unzulässig (Forts.)

Frage nach der Zugehörigkeit zu Scientology darf der Arbeitgeber unter Umständen stellen. Das BAG hat jedenfalls in einem Beispielfall klargestellt, dass die religiösen oder weltanschaulichen Lehren von Scientology nur als Vorwand für die Verfolgung rein wirtschaftlicher Ziele dienen.

9) **Die Frage nach der Rasse oder ethnischen Herkunft.** Die Rassenfrage stellt stets eine Diskriminierung (Rassismus) dar und ist unzulässig. Auch die Frage nach der ethnischen Herkunft ist nur in den Ausnahmefällen erlaubt, wenn es sich zum Beispiel um eine Tätigkeit für eine Vereinigung einer ethnischen Gruppe selbst handelt.

10) **Die Frage nach dem Alter.** Grundsätzlich ist diese Frage unzulässig, weil sie nach dem AGG eine Diskriminierung darstellt, wenn die Einstellungsentscheidung auch vom Alter abhängig gemacht wird. In der Praxis schreiben die meisten Bewerber ihr Alter aber bereits in die Bewerbung. Zudem können die Personalverantwortlichen das Alter spätestens dann abschätzen, wenn ihnen der Bewerber im Vorstellungsgespräch gegenübersitzt.

11) **Die Frage nach einer früheren Stasitätigkeit.** Diese Frage ist nach einer Entscheidung des BVerfG ein schwerwiegender Eingriff in das Persönlichkeitsrecht des Bewerbers. Sie kann in Ausnahmefällen gerechtfertigt sein, wenn es sich zum Beispiel um eine höherrangige Tätigkeit im öffentlichen Dienst handelt.

12) **Die Frage nach dem vorherigen Gehalt.** Diese Frage ist nur zulässig, wenn sich hieraus Rückschlüsse auf die Qualifikation des Bewerbers ziehen lassen.

13) **Die Frage nach der Zugehörigkeit zu einer Gewerkschaft oder Partei**. Auch diese Fragen sind generell unzulässig, es sei denn, der Kandidat bewirbt sich um eine Tätigkeit innerhalb einer bestimmten Partei oder Gewerkschaft.

Diese Arbeitgeberfragen sind unzulässig (Forts.)

14) **Die Frage nach dem Kündigungsgrund.** Diese Frage liegt besonders nahe, wenn Sie auf eigenen Wunsch gekündigt haben. Der Arbeitgeber darf dennoch nicht danach fragen. Sie dürfen lügen, wenn Ihnen eine ehrliche Antwort schaden würde.

15) **Die Frage nach der sexuellen Identität.** Der Arbeitgeber darf zum Beispiel nicht danach fragen, ob ein Bewerber homosexuell oder heterosexuell veranlagt ist. Religionsgemeinschaften können hier eine Ausnahme darstellen.

Unzulässig ist auch die Frage nach einer Behinderung, die keine Schwerbehinderung ist, wenn diese für die Tätigkeit nicht erheblich ist.

16) **Die Frage nach einer Schwerbehinderung.** Gemäß § 81 Abs. 2 Sozialgesetzbuch IX gelten Fragen nach einer Behinderung als unzulässig. Schwerbehinderte Menschen dürfen nicht benachteiligt werden. Im Einzelnen gelten die Regelungen des Allgemeinen Gleichbehandlungsgesetzes (AGG). Achtung: Zulässig ist die Frage, ob ein Bewerber zur Verrichtung einer beabsichtigten Tätigkeit geeignet ist. Fragt ein potenzieller Arbeitgeber im Vorstellungsgespräch danach, muss ein Bewerber auf gesundheitliche, seelische oder ähnlich schwerwiegende Beeinträchtigungen hinweisen, die eine Ausübung der vertraglich beabsichtigten Tätigkeit unmöglich machen.

17) **Die Frage nach sportlichen Hobbys.** Grundsätzlich gehen die privaten Aktivitäten eines Bewerbers den Arbeitgeber nichts an. Es gibt hier für den Bewerber aber keinen Grund, zu lügen oder auf die Fragen nicht zu antworten. Ausnahmen: Risikosportarten wie zum Beispiel Freeclimbing oder Rennfahren geben Sie lieber nicht an. Das könnte dem Arbeitgeber – was die Ausfallwahrscheinlichkeit anbelangt – zu riskant sein.

Der Bewerber muss den Interviewer nicht darauf hinweisen, dass dieser eine unzulässige Frage gestellt hat.

Die Folgen wahrheitswidriger Antworten

Stellen Unternehmensvertreter im Vorstellungsgespräch unzulässige Fragen, müssen sie damit rechnen, dass diese vom Bewerber nicht wahrheitsgemäß beantwortet werden. Kommt es zum Abschluss des Arbeitsvertrags, ist dieser gültig, auch wenn der Bewerber auf eine unzulässige Frage mit einer Lüge geantwortet hat.

Beantwortet der Bewerber allerdings eine **zulässige** Frage wahrheitswidrig, dann muss er damit rechnen, dass der Arbeitgeber den Arbeitsvertrag wegen Irrtum oder arglistiger Täuschung anfechten wird, wenn die Lüge ans Tageslicht kommt.

Bei der berechtigten Anfechtung eines Arbeitsvertrags muss vorher nicht der Betriebsrat des Unternehmens befragt werden.

Voraussetzungen für das Anfechtungsrecht des Arbeitgebers:

1) Die gestellte Frage war zulässig.
2) Der Bewerber hat den Arbeitgeber mit seiner Antwort durch Vorspiegelung oder Entstellung von Tatsachen über den wahren Sachverhalt getäuscht.
3) Die Tatsachen, die der Kandidat verschwiegen oder falsch dargestellt hat, haben Auswirkungen auf seine Tätigkeit im Unternehmen.
4) Der Irrtum war ursächlich für den Abschluss des Arbeitsvertrags.

Ist die Anfechtung des Arbeitgebers berechtigt, endet das Arbeitsverhältnis mit sofortiger Wirkung. Bei der Anfechtung handelt es sich nicht um eine Kündigung. Damit gibt es auch keine Kündigungsfrist.

Oft ist es besser, Fragen zu umschiffen oder doch wahrheitsgemäß zu beantworten, statt zu lügen.

Tipp

Gut vorbereitete Bewerber wissen im Vorstellungsgespräch, welche Fragen zulässig sind und welche nicht. Ob Sie allerdings das künftige Arbeitsverhältnis auf einer Lüge aufbauen wollen, weil sie z. B. den Schuldenberg oder die bestehende Schwangerschaft verschweigen, sollte gut überlegt sein. Denn der Arbeitgeber erfährt in absehbarer Zeit ohnehin von der Schwangerschaft oder den Geldsorgen durch Gehaltspfändungen. Damit sind das Vertrauen und auch das gute Arbeitsverhältnis dahin.

Die Offenbarungspflichten von Arbeitgeber und Bewerber

Im Rahmen einer Bewerbungssituation bestehen zwischen Bewerber und Unternehmen wechselseitige Offenbarungs- oder Aufklärungspflichten. Das heißt, beide Parteien müssen **unaufgefordert** alle Umstände offenlegen, die einer Ausübung der infrage kommenden Tätigkeit entgegenstehen könnten.

Viele kleinere Unternehmen wissen oft gar nicht, dass sie Offenbarungspflichten haben.

Der Arbeitgeber hat eine Offenbarungspflicht, wenn ...

- die betreffende Tätigkeit mit besonderen Gefahren oder Risiken, z. B. gesundheitlicher Art, verbunden ist;
- eine Pflicht zum Tragen spezieller Schutz-, Arbeits- oder Dienstkleidung besteht;
- sich bereits zum Zeitpunkt des Vorstellungsgesprächs abzeichnet, dass das Unternehmen in absehbarer Zeit nicht mehr existieren wird;
- das Unternehmen in ein Vergleichs-, Konkurs- oder Insolvenzverfahren verwickelt ist;
- das Unternehmen akute Zahlungsschwierigkeiten hat;
- der Arbeitsplatz, um den es in der Bewerbung geht, bald wegfallen wird, zum Beispiel wenn eine Betriebsschließung oder -verlegung geplant ist;
- geplant ist, dass der Arbeitsplatz in absehbarer Zeit an einen anderen Ort verlegt werden soll;
- sich die Anforderungen an die Tätigkeit, was die Qualifikation anbelangt, in absehbarer Zeit wesentlich ändern werden;
- der Betriebsrat des Unternehmens sich gegen Neueinstellungen ausgesprochen hat.

Der Arbeitnehmer kann unter bestimmten Voraussetzungen den Arbeitsvertrag anfechten.

Liegen einer oder mehrere der genannten Umstände vor und kommt der Arbeitgeber seiner Offenbarungspflicht nicht nach, kann der Arbeitnehmer – falls es zum Abschluss eines Arbeitsvertrags gekommen ist – diesen anfechten. Unter Umständen kann er sogar Schadensersatz fordern, weil er sein bisher bestehendes Arbeitsverhältnis aufgrund des neuen Jobangebots aufgelöst hat. In diesem Fall muss der Arbeitnehmer aber nachweisen, dass er die Tätigkeit gar nicht angenommen hätte, wenn der Arbeitgeber seiner Offenbarungspflicht nachgekommen wäre und ihn über die hindernden Umstände informiert hätte.

Für die Einstellung gilt: Der Arbeitgeber muss die für die Tätigkeit maßgeblichen Voraussetzungen aufklären.

Bewerber müssen nur in wenigen Fällen einer Offenbarungspflicht nachkommen, das heißt bestimmte Umstände offenlegen, ohne dass der Personalverantwortliche explizit danach fragt: dann, wenn es um Umstände geht, die die Erfüllung der Tätigkeit unmöglich machen oder ausschlaggebend für die Ausübung der Tätigkeit sind. So etwa wenn ein Wettbewerbsverbot vorliegt, die Verbüßung einer Haftstrafe ansteht, wenn es beschäftigungsrelevante Vorstrafen gibt oder Erkrankungen. Auf keinen Fall hat der Mitarbeiter eine Offenbarungspflicht in Angelegenheiten, für die grundsätzlich vonseiten des Arbeitgebers ein Fragerecht besteht, zu denen dieser die Fragen aber (noch) nicht gestellt hat.

Der Bewerber hat eine Offenbarungspflicht, wenn …

- ihm die arbeitsvertragsgemäße Aufnahme und Erfüllung des Arbeitsverhältnisses unmöglich ist,
- er die Tätigkeit nur beschränkt oder nicht in der vorgesehenen Art und Weise ausüben kann,
- er die Tätigkeit zum vorgesehenen Zeitpunkt nicht beginnen kann.

Verschweigt der Bewerber Hinderungsgründe oder täuscht er die Unternehmensvertreter diesbezüglich arglistig, kann das Unternehmen den Arbeitsvertrag anfechten und eventuell Schadensersatzansprüche stellen, wenn die hindernden Umstände ans Tageslicht kommen.

Wenn alle wichtigen Fragen geklärt sind und sich das Vorstellungsgespräch dem Ende zuneigt, gilt es für den Kandidaten, trotzdem noch hellwach und aufmerksam zu bleiben. Personaler sind erfinderisch und haken oft noch unerwartet mit einer scheinbar beiläufigen Frage nach, wenn sich der Bewerber bereits sicher fühlt und seine Konzentration nachgelassen hat. Vorsicht also vor einer spontanen und unüberlegten Antwort. Prüfen Sie erst, ob der Interviewer vielleicht zum Abschluss noch einmal eine überlegte und differenzierte Antwort von Ihnen erwartet.

Signalisieren Sie nicht, dass Sie ein Jasager sind, der sogar sein Privatleben für den Job opfert.

Beispiel
Interviewer: »Ach ja, was ich noch fragen wollte: Was sagt denn Ihr Lebensgefährte dazu, wenn Sie ab und zu einmal Überstunden machen müssen?«
Bewerber: »Mein Partner weiß, dass in meinem Beruf kein ›Nine to five‹-Job möglich ist und dass auch hin und wieder Überstunden anfallen können, wenn es die Situation erfordert. Grundsätzlich versuche ich jedoch, meine Aufgaben so straff wie möglich zu strukturieren. Viele Überstunden zu machen, bedeutet ja nicht unbedingt, effizient zu arbeiten.«

Die Verabschiedung

Gewichten Sie Arbeitszeiten, Überstunden und Urlaub nicht zu stark durch eine abschließende Frage.

Häufig wählen Personaler folgende Frage als Abschlussfrage, womöglich sogar erst, wenn alle Beteiligten schon aufgestanden sind, um sich zu verabschieden: »Haben Sie noch eine Frage, die Sie vergessen haben? Gibt es noch etwas, das Ihnen besonders wichtig ist?« Auch hier heißt es, wach zu bleiben und nicht wie aus der Pistole geschossen zu fragen: »Wie sind denn die Arbeitszeiten bei Ihnen geregelt?« Die Frage ist aus der Sicht des Bewerbers sicher verständlich. Er möchte sich darauf einstellen können, ob die Arbeitszeiten flexibel gestaltet sind, ob es Gleitzeit gibt oder nicht.

Der letzte Eindruck bleibt

Diese Frage sollten Sie als Bewerber aber bereits vorher, im Rahmen der Fragen, die Sie vorbereitet hatten, angesprochen haben. Stellen Sie diese Frage im Zusammenhang mit Fragen nach dem Urlaub, den Sozialleistungen und dem Gehalt, erhält sie kein so starkes Gewicht und lässt gar nicht erst den Verdacht aufkommen, dass Sie vielleicht nur Dienst nach Vorschrift machen möchten. Nutzen Sie diese Frage im Rahmen der allgemeinen Aufbruchstimmung besser so:

Beispiel
Interviewer: »Liegt Ihnen noch irgendeine Frage auf dem Herzen?«
Bewerber: »Nein, vielen Dank. Sie haben mir wirklich einen sehr umfassenden Eindruck von Ihrem Unternehmen und der zu besetzenden Stelle vermittelt, Herr Berger. Mein erster, sehr positiver Eindruck, den ich von Ihrer Stellenausschreibung hatte, wurde in diesem Gespräch mit Ihnen noch einmal bestätigt. So wie Sie die Aufgaben beschrieben haben, bin ich nach wie vor sehr an der Stelle interessiert: zum einen, weil ich sicher bin, dass mir die Arbeit sehr viel Spaß machen würde, zum anderen, weil ich glaube, dass meine Qualifikationen und meine Fähigkeiten optimal auf die Aufgabe zugeschnitten sind. Wie sieht von Ihrer Seite das weitere Vorgehen aus? Gibt es schon einen ungefähren Zeitrahmen, wann ich mit einer Antwort von Ihnen rechnen kann?«

Gegen Ende nicht mehr viele Detailfragen

Je nach Gesprächsverlauf fällen viele Bewerber bereits während des Jobinterviews eine Bauchentscheidung für oder gegen den Job.

Voraussetzung für eine so positive Abschlussantwort: Sie als Bewerber haben während des gesamten Vorstellungsgesprächs tatsächlich einen positiven Eindruck von dem Unternehmen und den potenziellen Vorgesetzten gewonnen. In diesem Fall sollten Sie Ihren Gesprächspartnern Ihren guten Eindruck und Ihr nach wie vor vorhandenes Interesse an der neuen Stelle unbedingt signalisieren, aber ohne sich anzubiedern. In dieser letzten Phase des Vorstellungsgesprächs ist eine Detailfrage zu Aufgabeninhal-

ten oder Leistungen des Unternehmens nicht mehr sinnvoll. Damit können Sie eher mehr kaputt machen als noch gewinnen.
Sollten wirklich noch Fragen offen sein, die Ihnen in letzter Sekunde einfallen, behalten Sie diese jetzt besser für sich. Sie haben ja immer noch die Möglichkeit, nachträglich per Telefon oder E-Mail nachzufragen.
Was Jobkandidaten unbedingt beachten sollten: Es macht einen sehr schlechten Eindruck, wenn sie das Vorstellungsgespräch von sich aus beenden. Wie beim Hinsetzen gilt auch beim Aufstehen am Schluss des Gesprächs: Der hierarchisch Höherstehende, in diesem Fall der oder die Personalverantwortlichen, gibt das Signal für das Ende und steht vor dem Bewerber vom Besprechungstisch auf. Erst dann erhebt sich auch der Bewerber.

Gutes Benehmen auch beim Gesprächsende

Beachten Sie bei der Verabschiedung genau wie bei der Begrüßung die hierarchische Rangfolge.

Er verabschiedet sich zuerst mit einem Händedruck und einem freundlichen festen Blick vom ranghöchsten Gesprächsteilnehmer, wobei er diesen noch einmal bei seinem Namen nennt. Gleichzeitig bedankt er sich für die Zeit, die sein Gesprächspartner sich genommen hat:

Beispiel
»Herr Berger, noch einmal herzlichen Dank für die Zeit, die Sie sich für mich genommen haben und die ausführlichen Informationen. Es war schön, Sie kennengelernt zu haben. Auf Wiedersehen.«

Machen Sie Ihren guten Eindruck nicht mit einem schlechten Abgang zunichte.

Auch bei den übrigen Gesprächsteilnehmern bedankt sich der Bewerber höflich und verabschiedet sich mit einem Händedruck. In der Regel wird einer der Unternehmensvertreter vorgehen und die Tür öffnen, um den Bewerber hinauszubegleiten. Preschen Sie also nicht vor, um fluchtartig den Raum zu verlassen, sondern bleiben Sie auch jetzt ruhig. Wichtig ist, dass Sie bis zum letzten Augenblick des Vorstellungsgesprächs Ihr Interesse wachhalten, sich auf die Gesprächspartner konzentrieren und auf Ihre Körpersprache achten, auch dann, wenn Sie glauben, das

Vorstellungsgespräch sei für Sie nicht optimal gelaufen. Oft lassen sich Personaler nicht hinter die Stirn schauen und signalisieren dem Bewerber nicht, dass sie sehr positiv von ihm beeindruckt sind. Unter Umständen kann dies eine letzte Prüfung für den Kandidaten sein, um festzustellen, wie er mit schwer einschätzbaren, unsicheren Situationen umgehen kann.

Desinteresse professionell verbergen

Es gebietet die Höflichkeit, die Einladung zum Vorstellungsgespräch wertzuschätzen.

Und auch wenn der Kandidat selbst bereits im Vorstellungsgespräch erkennen kann, dass eine Zusammenarbeit mit diesem Arbeitgeber – gleichgültig aus welchen Gründen – nicht infrage kommt, gilt es, bis zur letzten Minute interessiert, aufmerksam und höflich zu bleiben und sich seine Ablehnung nicht anmerken zu lassen. Schließlich haben die Unternehmensvertreter dem Bewerber ihre Zeit gewidmet und ihn mit wichtigen Informationen des Unternehmens versorgt. Zudem kann es durchaus passieren, dass Sie dem einen oder anderen der Gesprächspartner, die Ihnen heute gegenübersitzen, irgendwann in Ihrem künftigen Berufsleben wieder begegnen. Die Welt, besonders innerhalb bestimmter Branchen, ist klein. Es wäre ungünstig für Sie, wenn Sie heute bei einem Unternehmensvertreter einen schlechten Eindruck hinterlassen, der übermorgen vielleicht in einem anderen Unternehmen Ihr neuer Vorgesetzter werden kann.

Denken Sie immer daran: Das Vorstellungsgespräch ist bis zur letzten Minute eine Prüfungssituation für Sie.

Als Bewerber dürfen Sie sich deshalb auf keinen Fall in der Verabschiedungsphase zur Lässigkeit verleiten, die Hände in Hosen- oder Jackentasche verschwinden lassen oder sonst irgendwelche Etikettefehler begehen. Das gilt, solange Sie für irgendeinen Unternehmensvertreter in Sichtweite sind, also nicht nur während Sie durch das Gebäude gehen, um es zu verlassen, sondern auch noch vor dem Unternehmensgebäude, solange Sie vom Firmengelände aus gesehen werden können. Entspannen können Sie erst dann, wenn Sie komplett außer Sichtweite sind.

Die Entscheidung: Ist der Job der richtige?

Wenn eindeutige Faktoren für oder gegen ein Arbeitsverhältnis sprechen, ist die Entscheidung nicht schwer.

Es gibt Vorstellungsgespräche, in denen dem Kandidaten in den ersten zehn Minuten klar wird, dass er für dieses Unternehmen nicht arbeiten will. Zum Beispiel, weil sich die Aufgabeninhalte im Gespräch doch ganz anders darstellen, als sie in der Stellenanzeige versprochen wurden. Es kann auch sein, dass sich die Gehaltsvorstellungen des Bewerbers und des Unternehmens nicht annähern lassen oder dass der Kandidat einfach spürt: Die Chemie stimmt überhaupt nicht. Mit dieser Unternehmenskultur komme ich nie zurecht! Umgekehrt ist der Kandidat vielleicht so begeistert von dem Gespräch und dem Unternehmen, dass er sehnlichst hofft, die Jobzusage zu erhalten.

Nicht spontan entscheiden

Schreiben Sie eine Präferenzliste: Was ist Ihnen im Rahmen Ihrer neuen Arbeitsstelle am wichtigsten?

So eindeutig liegen die Fakten jedoch nicht immer. Häufig verlassen Bewerber das Vorstellungsgespräch mit einem diffusen Gefühl und können nicht gleich mit Sicherheit sagen, ob sie sich für oder gegen den Job entscheiden sollen. Dann heißt es erst einmal, zu Hause in Ruhe Fakten zu sammeln und das Für und Wider sachlich abzuwägen. Halten Sie sich noch einmal Ihre Ziele vor Augen. Das heißt, schreiben Sie auf, welche Faktoren Ihnen im Rahmen Ihrer neue Arbeitsstelle besonders wichtig sind. Notieren Sie das, worauf Sie in keinem Fall verzichten wollen, ganz oben und schließen Sie die anderen Faktoren mit abnehmender Wichtigkeit an.

Anhand Ihrer Präferenzliste können Sie relativ objektiv das Für und Wider abwägen.

Wenn Sie ganz akribisch vorgehen wollen, können Sie die Faktoren sogar noch gewichten, z. B. auf einer Skala von 1 bis 6:

6 = Dieser Faktor ist für mich unverzichtbar.
5 = Das ist mir sehr wichtig.
4 = Es ist mir wichtig.
3 = Es wäre schön, muss aber nicht unbedingt sein.
2 = Das ist mir nicht so wichtig.
1 = Das hat kaum Bedeutung für mich.

Beispiel Präferenzliste

Ziele geordnet und gewichtet	
Ziele	**Gewichtung**
Berufliche Entwicklungsmöglichkeiten im Unternehmen	6
Abwechslungsreiches, interessantes Aufgabengebiet	6
Sprungbrett für meine weitere Karriere	6
Weiterbildungsmöglichkeiten	5
Gutes Betriebsklima	5
Flexible Arbeitszeiten	4
Gute Sozialleistungen, Altersvorsorge	4
Überdurchschnittliche Bezahlung	3
Zeit für Privatleben	3
Angenehme Arbeitszeiten, wenig Überstunden	2
Möglichkeit zu Auslandsaufenthalten	2
Keine zu hohen Leistungsanforderungen, die eine starke Stressstabilität fordern	1
Unternehmensimage	1
Kurzer Arbeitsweg	1
...	...

Anschließend stellen Sie eine Pro-und-Kontra-Liste auf: Stellen Sie die Punkte, die für die neue Stelle sprechen, den Nachteilen gegenüber, die mit der neuen Aufgabe verbunden sind. Orientieren Sie sich dabei an Ihrer Präferenzliste.

Beispiel Pro-und-Kontra-Liste

Entscheidung: Ist der Job der richtige für mich?			
Pro	**Gewichtung**	**Kontra**	**Gewichtung**
Berufliche Weiterentwicklung ist möglich	+6	Gehalt an der unteren Grenze, aber Prämien	−3
Interessante und abwechslungsreiche Aufgabe	+6	Unregelmäßige Arbeitszeiten und viele Überstunden	−2
Weiterbildung in meinem Fachbereich	+5	Sehr hohe Leistungsanforderungen	−1
Auslandsaufenthalt vorgesehen	+2	Ungünstig für Privatleben	−3
Kurzer Arbeitsweg	+1	Kein ideales Sprungbrett für die weitere Karriere, weil relativ kleines Unternehmen	−6
Pro	+20	**Kontra**	−15

Versehen Sie die Vorteile, die für den Job sprechen, und auch die Nachteile mit Ihrer persönlichen Gewichtung.

In diesem Beispiel wird der Bewerber nach dem Abwägen der objektiven Faktoren dazu tendieren, das Jobangebot anzunehmen, sofern auch das Unternehmen sich für ihn entscheidet. Die gewichteten Vorteile (+20) überwiegen die gewichteten Nachteile (−15).

Sind alle bedeutsamen Pro- und Kontra-Faktoren im Rahmen des Jobangebots aufgelistet und gewichtet, fällt die Entscheidung leichter.

Auf beiden Seiten trägt das Gefühl mit dazu bei, ob der Arbeitsvertrag zustande kommt oder nicht.

Ein gutes Gefühl ist unabdingbar für eine Zusage

Objektive Faktoren allein zählen jedoch nicht bei der Entscheidung für oder gegen den Job. Die meisten Bewerber beziehen ihr Gefühl mit ein und lassen auch ihre Intuition sprechen: Sind die Vertreter des Unternehmens sympathisch? Erscheinen ihre Aussagen vertrauenswürdig? Ist der Umgangston eher locker und unverkrampft oder formell? Fühle ich mich während des Vorstellungsgesprächs wohl und wertgeschätzt?

Genauso handeln übrigens die Personalverantwortlichen. Sie nutzen das Vorstellungsgespräch nicht nur dazu, weitere objektive Informationen vom Bewerber zu erhalten, sondern vor allem auch, um sich einen umfassenden gefühlsmäßigen Eindruck zur Persönlichkeit des Kandidaten zu machen: Passt er zur Unternehmenskultur? Wird er sich gut in das Team einfügen? Ist er motiviert und leistungsbereit?

Gefühle können trügen

Vertrauen Sie Ihren Empfindungen nicht blind.

Aber Vorsicht: Als Bewerber sollten Sie bei einer Jobentscheidung nicht ausschließlich auf Ihre Intuition setzen. Auch das Gefühl kann sich täuschen. Das können viele Menschen, die falsche gefühlsmäßige Entscheidungen getroffen haben, bestätigen. Stellen Sie sich deshalb zum Beispiel folgende Fragen:

- Warum finde ich den potenziellen Chef so sympathisch bzw. unsympathisch? Erinnert er mich vielleicht an jemanden von früher, den ich mochte oder nicht mochte?
- Warum habe ich ein so schlechtes Gefühl bei der Beschreibung der objektiv wirklich interessanten Aufgaben? Habe ich vielleicht Angst, die Herausforderung nicht zu bewältigen?

Nicht immer weist das Gefühl den einzig richtigen Weg. Oft sind es Ängste oder schlechte Erfahrungen, die uns blockieren und daran hindern, einen bestimmten Weg zu gehen. Deshalb lohnt es sich, Ihr Bauchgefühl zu hinterfragen und Ihre Eingebungen und Empfindungen zu prüfen. Es ist zwar wichtig, seine innere Stimme immer wahrzunehmen. Genauso wichtig ist es aber, seinen Emotionen nicht blind zu vertrauen. Denn gerade, wenn es um grundlegende Weichenstellungen im Berufsleben geht, ist oft auch der Verstand gefragt.

Schriftlich für das Vorstellungsgespräch danken

Wenn Bewerber nach dem Jobinterview weiterhin interessiert sind, die Stelle zu bekommen, ist ein schriftlicher Dank für das Vorstellungsgespräch oft ein entscheidender Schritt hin zu diesem Ziel. Wer sich in einer kurzen E-Mail für den freundlichen Empfang und das angenehme Gespräch bedankt und gleichzeitig noch einmal versichert, dass er an einer Zusammenarbeit interessiert ist, wird mit dieser Geste noch einmal einen sehr positiven Eindruck bei den Personalverantwortlichen hinterlassen und womöglich auf der Ziellinie gegenüber seinen Mitbewerbern den entscheidenden Schritt voraus sein. Denn mit einem schriftlichen Dank rufen Sie sich nicht nur erneut in Erinnerung, sondern beweisen auch, dass Sie Stil haben. Aber Vorsicht: Schreiben Sie natürlich und ohne sich anzubiedern oder den Personaler mit Lob zu überhäufen. Das kommt nicht gut an und lässt die Absicht dahinter nur allzu gut erkennen.

Muster Dankschreiben

An: JuergenBerger@Semantec.org
Cc:
Bcc:
Betreff: Vorstellungsgespräch am 05.07.2020; Bewerbung als Assistentin des Bereichsleiters Controlling

Sehr geehrter Herr Berger,

Sie haben sich gestern viel Zeit für mich genommen und mir einen umfassenden Einblick in Ihr Unternehmen und in das Aufgabengebiet, das eine Assistentin im Bereich Controlling erwartet, gewährt. Dafür möchte ich mich heute noch einmal ganz herzlich bei Ihnen bedanken.

Sie haben mir eine spannende und abwechslungsreiche Tätigkeit beschrieben, und ich bin von der Aufgabenvielfalt, die diese Position mit sich bringt, begeistert. Nach wie vor habe ich ein sehr großes Interesse daran, Sie in Zukunft als Assistentin unterstützen zu dürfen. Über eine positive Nachricht von Ihnen würde ich mich deshalb sehr freuen.

Mit freundlichen Grüßen

Leonie Weber
Jostweg 5
12648 Berlin
Tel.: 030 1234567
E-Mail: LeonieWeber@provider.de

Das zweite Vorstellungsgespräch

Wenn Sie zum zweiten Gespräch eingeladen werden, sind Sie in der engsten Auswahl.

Je nachdem, um welche Stelle sich ein Jobinteressent beworben hat, wird er nach dem ersten Vorstellungsgespräch noch einmal zu einer zweiten Gesprächsrunde eingeladen. Das kommt häufig vor, wenn Fach- und Führungspositionen besetzt werden sollen. Im ersten Gespräch ging es dann um die grundsätzliche fachliche und persönliche Eignung sowie darum, ob der Bewerber in die Unternehmenskultur und zum Team passt. Auch die Gehaltsfrage wurde wahrscheinlich grob geklärt.

Mehr Gesprächspartner im Zweitgespräch

In der zweiten Runde lernt der Bewerber in der Regel weitere Unternehmensvertreter, wie zum Beispiel seinen Fachvorgesetzten, den Geschäftsführer oder einen Teamleiter, kennen. Diese Personen sind zwar über seine Qualifikationen und über den Verlauf des ersten Vorstellungsgesprächs grob informiert. Aber jetzt lernen sie den Kandidaten persönlich kennen, gewinnen ihren ersten Eindruck über ihn, klären Detailfragen seiner fachlichen Eignung und fällen ihr eigenes Urteil.

Für das zweite Gespräch gelten – was Ihre Selbstpräsentation anbelangt – die gleichen Regeln wie für das erste.

Zeigen Sie sich darum auch im zweiten Gespräch selbstbewusst und verbindlich, und legen Sie viel Wert auf Ihr Outfit, das beim zweiten Gespräch ein anderes sein sollte als beim ersten. Sonst könnte der Eindruck entstehen, Sie hätten nur dieses eine Business-Outfit. Glauben Sie nicht, Sie hätten den Sieg bereits in der Tasche. Sie sind nicht der einzige Kandidat, der zur zweiten Runde eingeladen wird. Und Ihre Wettbewerber werden ebenfalls versuchen, ihr Bestes zu geben.

Fachfragen noch stärker im Fokus

Erstellen Sie zu Hause eine Liste, welche Fragen im ersten Gespräch noch nicht geklärt wurden.

Auch auf das zweite Gespräch sollten Sie sich als Bewerber deshalb sehr gut vorbereiten. Arbeiten Sie Ihre Antworten zu noch möglichen offenen Fragen wieder detailliert aus, um souverän antworten zu können und Ihren ersten guten Eindruck im zweiten Gespräch nicht wieder zunichtezumachen. Auch eigene Fragen, für die Sie im ersten Gespräch keine Gelegenheit hatten, gehören auf die Checkliste für das zweite Gespräch. Häufig sind es fachliche Fragen, die im zweiten Gespräch thematisiert werden, vor allem, wenn jetzt der Fachvorgesetzte anwesend ist. In diesem Bereich können Sie sich über die Fachpresse, über Literatur und Internet fachlich und branchenintern noch einmal auf den neuesten Stand bringen. Aber auch noch offene Fragen zum Lebenslauf, Details zum Gehalt, Zusatzleistungen, Prämien, Weiterbildungsmöglichkeiten und Einzelheiten, die sich auf den Arbeitsvertrag beziehen, können Gegenstand des Gesprächs werden. Möglicherweise haben diejenigen Gesprächspartner, die beim ersten Gespräch noch nicht dabei waren, jetzt ebenfalls Fragen zu Ihren Unterlagen – es können die gleichen sein, aber auch gänzlich andere.

Die erneute Vorbereitung ist unabdingbar

Machen Sie sich aber ebenso Gedanken zu den Themen, die bisher noch nicht ausführlich besprochen wurden. Ihre Gesprächspartner sollen ein zweites Mal den Eindruck gewinnen, dass Sie wissen, was Sie wollen, und dass Ihre gute Vorbereitung und Ihr souveräner Auftritt im ersten Gespräch keine Eintagsfliege war. Weil im zweiten Vorstellungsgespräch meistens weitere Gesprächspartner hinzukommen, die dem Bewerber wiederum Fragen stellen, kann es vorkommen, dass sich die eine oder andere Frage aus dem ersten Gespräch genauso oder ähnlich wiederholt.

Es wäre fatal, wenn Sie jetzt andere oder sogar gegenteilige Antworten auf die gleichen Fragen geben würden.

Gehen Sie deshalb in Gedanken das erste Gespräch noch einmal Schritt für Schritt durch und vergegenwärtigen Sie sich, was Sie auf die jeweiligen Fragen geantwortet haben. Besonders bei den Fragen zum Lebenslauf ist es notwendig, dass Sie sie unbedingt identisch beantworten, falls

Bleiben Sie auch bei wiederholten Fragen freundlich und geduldig.

gleiche oder ähnliche Fragen im zweiten Gespräch wieder auftauchen. Widersprüche können Sie sonst schnell ins Aus katapultieren.
Vorsicht: Reagieren Sie niemals unwillig, wenn sich Fragen wiederholen, nach dem Motto: »Das habe ich Ihnen doch alles vor einer Woche schon einmal erzählt« oder »Das steht doch alles in meinem Lebenslauf«. Setzen Sie auch im zweiten Gespräch auf Verbindlichkeit und Höflichkeit, und beantworten Sie alle Fragen ruhig und geduldig.
Denken Sie auch daran, die neuen Gesprächspartner in Ihre Antworten einzubeziehen und machen Sie nicht den Fehler, sich an diejenigen zu halten, die Sie schon vom letzten Mal kennen: Es könnten Ihre direkten Vorgesetzten werden – oder diejenigen sein, die die Entscheidung über Ihre Einstellung fällen.

Tipps fürs zweite Vorstellungsgespräch

Gehen Sie davon aus, dass Sie sich auch beim zweiten Mal genauso gut präsentieren müssen wie im ersten Gespräch:

- Verdeutlichen Sie erneut, warum Sie überzeugt sind, dass Sie genau der richtige Mitarbeiter für diese Position sind.
- Weisen Sie wieder auf Ihre wichtigsten Qualifikationen hin, die Sie befähigen, die Stelle optimal auszufüllen.
- Zeigen Sie unverändert Ihren Willen zum Engagement, Ihre Motivation und Ihre Begeisterung für die angebotene Aufgabe.
- Konzentrieren Sie sich darauf, vor allem auch die Anwesenden von sich zu überzeugen, die beim ersten Gespräch noch nicht dabei waren.

Bedenken Sie: Alle beteiligten Unternehmensvertreter wollen jetzt beim zweiten Gespräch ganz sicher bestätigt sehen, dass Sie mit Ihnen die richtige Wahl treffen werden.

Wiederholen Sie im zweiten Gespräch Ihre zentralen Argumente, warum Sie die richtige Frau oder der richtige Mann für die Position sind.

Finanzielle Fragen sind ganz sicher ein Thema der zweiten Runde.

Fehler vermeiden

Viele Bewerber scheitern im zweiten Vorstellungsgespräch, weil sie mit falschen Vorstellungen hineingehen. Sie meinen, es ginge nur noch um Detailfragen bezüglich der Vergütung oder um Fachfragen. Aus diesem Grund verhalten sich die einen eher abwartend, der Elan aus dem ersten Gespräch ist nicht mehr sichtbar, oder sie treten plötzlich mit überzogenem Selbstbewusstsein auf und feilschen um jeden Urlaubstag und jeden Cent beim Gehalt. Fragen bezüglich Gehalt, Urlaub, Firmenwagen, Sozialleistungen, Versicherungen und Firmenrenten sollte ein Bewerber aber auch beim zweiten Termin nicht gleich zu Beginn anschneiden. Besser ist es, auch hier auf die Initiative der Personalverantwortlichen zu warten.
Ein weiterer sehr grober Fehler: Wenn Kandidaten im zweiten Gespräch plötzlich ganz andere Sichtweisen und Vorstellungen entwickeln, als sie im ersten Gespräch dargelegt haben. Wenn die Unternehmensvertreter im Folgegespräch bei Ihnen als Bewerber keinen roten Faden erkennen können, verlieren Sie Ihre Glaubwürdigkeit. Deshalb ist es bei Vorstellungsgesprächen, ob in der ersten oder auch in der zweiten Runde, generell wichtig, dass sich Kandidaten so authentisch wie möglich darstellen. Je unverfälschter und ehrlicher Sie sich geben, desto weniger laufen Sie Gefahr, durch Widersprüche und Ungereimtheiten aus dem Rennen zu fallen. Besonders wer bei der Beschreibung seines Lebenslaufs ein paar Notlügen eingebaut hat, muss sich im zweiten Gespräch genau daran erinnern und sie detailgenau und logisch wiederholen, wenn er nicht ertappt werden will.
Grundsätzlich ist das zweite Gespräch eine Art Kontrolle und Festigung der gegenseitigen Eindrücke. Die Personalverantwortlichen prüfen, ob sie mit ihrer ersten Einschätzung bezüglich des Bewerbers richtig lagen. Aber auch Sie als Bewerber können sich noch einmal ein zweites Bild von dem Unternehmen und Ihren potenziellen Vorgesetzten machen.

Fragen aus dem Erstgespräch jetzt artikulieren

Auch im zweiten Gespräch können Sie noch vertiefende Fragen zum Aufgabeninhalt stellen.

Wenn beim Kandidaten also nach dem ersten Gespräch noch vertiefende Fragen zu den Aufgabeninhalten oder zu den Zielen aufgetaucht sind, kann er diese in der zweiten Runde ruhig stellen. Das beweist, dass er sich mit den zukünftigen Aufgaben gründlich auseinandersetzt und – so wie es sich die Unternehmensvertreter wünschen – vor allem am Inhalt seiner Aufgaben interessiert ist. Alle Details bezüglich der Bezahlung und des Arbeitsvertrags sind ohnehin Pflichtprogramm in der zweiten Runde, aber erst einmal nicht entscheidend dafür, ob der Bewerber die zweite Runde erfolgreich absolviert.
Fazit: Wenn Sie beim zweiten Vorstellungsgespräch den positiven Eindruck, den Sie im ersten Gespräch hinterlassen haben, bestätigen und anschließend bei der Verhandlung von Gehalt und Arbeitsvertrag etwas Flexibilität zeigen und sich nicht an Details festbeißen, haben Sie den Arbeitsvertrag so gut wie in der Tasche.
Es gibt eine Vielzahl von Details zu berücksichtigen, wenn ein Bewerber zu einem Vorstellungsgespräch eingeladen wird. Trotzdem hängt es immer vom Gesamteindruck ab, den ein Bewerber hinterlässt, ob die Personalverantwortlichen sich für ihn entscheiden oder nicht. Niemand muss dem Anspruch gerecht werden, perfekt zu sein. Natürlichkeit kommt bei den meisten Unternehmensvertretern sehr gut an. Viele werden sogar misstrauisch, wenn sie aalglatten Selbstdarstellern mit professioneller Fassade begegnen.

Kleine Unsicherheiten sind grundsätzlich erlaubt

Im Gegenteil: Kleine Unsicherheiten oder auch Fehler machen menschlichen Charme aus. Letztendlich zählt bei erfahrenen Personalern, ob ein Bewerber glaubwürdig ist und begeistert von der Aufgabe, um die es geht. Unternehmen suchen Leistungsträger, die gerne und überzeugt dazu beitragen, den Erfolg des Unternehmens zu steigern. Das ist ihr grundsätzliches Interesse. Dafür sind sie bereit, eine Gegenleistung in Form von Lohn und sonstigen Zusatzleistung zu bieten. Bewerber, die überzeugend darstellen können, dass sie sich motiviert und engagiert mit all ihren Qualifikationen für die Ziele des Unternehmens einsetzen wollen, haben die besten Karten im Wettbewerb um eine neue Stelle. Kandidaten dagegen, die nur an finanziellen Vorteilen bei geringem Einsatz interessiert sind, werden von Personalern schnell entlarvt und werden Absagen ernten.

Auch wirklich engagierte und leistungsbereite Bewerber müssen damit rechnen, eine Absage zu bekommen. Denn wenn Sie sich bewerben, müssen Sie immer mit einer mehr oder weniger großen Anzahl von qualifizierten Mitbewerbern rechnen.

Nutzen Sie die Erfahrung für die Zukunft!

Lassen Sie sich deshalb im Fall einer Absage nicht gleich entmutigen, auch wenn Sie es bereits bis zum Vorstellungsgespräch geschafft haben. Setzen Sie sich also hin und lassen Sie das vergangene Vorstellungsgespräch noch einmal in Ruhe Revue passieren: Was ist gut gelaufen? Was weniger gut? Was können Sie beim nächsten Mal anders, was noch besser machen? Welche Verhaltensweisen, welche Antworten können dafür verantwortlich gewesen sein, dass Sie keinen Arbeitsvertrag angeboten bekommen haben?

Gerade jetzt ist es wichtig, dass Sie sich nicht in ein Loch fallen lassen und als Versager fühlen, sondern die richtigen Schlussfolgerungen aus der Niederlage ziehen. Sich auf dem Arbeitsmarkt zu behaupten bedeutet nicht: »Ich bekomme nie eine Absage auf meine Bewerbungen und wenn doch, dann habe ich persönlich versagt.«. Sondern es bedeutet schlechterdings: »Ich bin im Stande, daraus zu lernen und es beim nächsten Mal besser zu machen.« Mit anderen Worten: Sie haben zwar heute nicht gewonnen, aber Sie haben die Chance bekommen, aus Ihrem Misserfolg zu lernen und es beim nächsten Mal besser zu machen. Die Suche geht weiter, und dieses Vorstellungsgespräch war eine Investition in Ihre Berufserfahrung auf der Suche nach dem passenden Job. Vielleicht haben Sie schon nach dem nächsten Vorstellungsgespräch den Arbeitsvertrag in der Tasche, den Sie sich wünschen.

Register

Register

A

B

Kompetente Hilfe von Duden

Duden-Ratgeber
Stolpersteine der Grammatik

Mit diesem Buch bleiben keine Zweifel mehr offen: Neben kurzen und übersichtlichen Grammatiktipps helfen einfache Erörterungen und Merkhilfen bei der korrekten Anwendung.
48 Seiten. Broschur